Die Geschichte der Quantenphysik

I0474487

Orginalausgabe 2. Auflage 2015
Copyright © 2015 M. Melih Gördesli
www.melih-goerdesli.at

Covergestaltung unter Verwendung
von Fotografien von Erlend Davidson
Foto „Quantum Hydrogen on Graphene"
CC BY SA Lizenz - via www.flickr.com

Hergestellt in Amazon CreateSpace
ISBN 978-1-5084-6838-7

M. Melih Gördesli

Die Geschichte der Quantenphysik

Es gab eine Zeit, als Zeitungen sagten,
nur zwölf Menschen verstünden die Relativitätstheorie.
Ich glaube nicht, dass es jemals eine solche Zeit gab.
Auf der anderen Seite denke ich, sicher sagen zu können,
dass niemand die Quantenmechanik versteht.

Richard P. Feynman

Widmungen

In der folgenden Widmung erlaube ich mir, mit wenigen Worten jene Personen festzuhalten und zu beschreiben, die mir mit ihrer Liebe zur Wissenschaft imponiert haben, welche stets jeder ethnischen oder kapitalistischen Repression standhielt.

Ernst Abbe (23. Januar 1840 – 14. Januar 1905)

Ernst Abbe, Mathematiker und Physiker, wuchs als Arbeiterkind in sehr einfachen Verhältnissen auf. Seine außerordentlichen Leistungen in der Schule, führten dazu, dass der Arbeitgeber seines Vaters ihn finanziell unterstützte. Als Gegenleistung sollte er nach seinem Abschluss als Buchhalter in der Firma arbeiten. Doch dazu kam es nicht. Ernst Abbe setzte seine Leistungen fort und wurde Professor an der Universität. Er leistete an der deutlichen Verbesserung des Mikroskops bei, indem er die Welleneigenschaft des Lichts in seinen Kalkulationen berücksichtigte. 1876 erkrankte Abbe an Typhus und konnte mehrere Wochen nicht arbeiten, wodurch er in finanzielle Schwierigkeiten geriet. Sein Arbeitgeber Carl Zeiss nutzte die Gelegenheit, um ihn an seine Firma zu binden. Dort sorgte er für weitere sprunghafte Entwicklungen des Mikroskops. Ernst Abbe wurde zum Millionär, aber zu einem mit sozialem

Gewissen. Er vertrat die Meinung, dass das erwirtschaftete Kapital durch die Einzelnen wieder in die Allgemeinheit zurückfließen muss. Nach dem Tod von Carl Zeiss wurde er der alleinige Leiter und änderte die Firma in eine Stiftung um. Abbe führte den Achtstundentag und das Krankengeld ein. Außerdem beteiligte er alle Beschäftigte am Gewinn des Unternehmens.

Nikola Tesla (10. Juli 1856 – 07. Januar 1943)

Nikola Tesla, Erfinder, Ingenieur und Futurist, kam als Kind einer serbischstämmigen Familie auf die Welt, dessen Vater ein strenger Pope (orthodoxer Priester) war. Er studierte durch finanzielle Unterstützung seines Onkels Mathematik und Physik in Graz und später Philosophie in Prag. Seine Karriere als Elektroingenieur begann bei einer Telefongesellschaft in Budapest. Bevor er nach Amerika aufbrach, arbeitete er an neuartigen Dynamomotoren in Paris. Sein erster Prototyp, ein Induktionsmotor, erweckte in Europa jedoch kein Interesse, woraufhin er endgültig nach Amerika ausreiste und dort für Thomas Edison zu arbeiten begann. Nach einer Meinungsverschiedenheit (Stichwort: Stromkrieg) verließ Tesla ihn wieder und schuftete aufgrund schlechter finanzieller Lage ein Jahr lang als Bauarbeiter auf der Straße. Als er mit seinen Ideen an zwei Geschäftsleuten wandte und mit ihnen eine Firma gründete, wurde er hintergangen und landete später in Konkurs. Er gab dennoch nicht auf und meldete 1886 seine ersten Patente an. Im selben Jahr unterzeichnete Tesla mit Westinghouse Electric Co. einen Vertrag und gewann den Stromkrieg gegen Edison. Teslas Wechselstrom zeichnete sich im Gegensatz zu Edisons Gleichstrom als effizientere Technik aus. Unzählige Technologien, die heute noch in Anwendung sind (Elektromotoren, Generatoren, Funksteuerungen usw.), gehen auf Nikola Tesla zurück.

Martin Karplus (15. März 1930)

Martin Karplus, theoretischer Chemiker und Nobelpreisträger (2013), kam als Kind einer jüdischen Familie in Wien zur Welt. So wie seine beiden berühmten Großväter hätte auch Karplus Mediziner werden sollen, da die Juden in diesem Bereich am wenigsten Diskriminierung zu erdulden hatten. Als Nationalsozialisten seine Familie nach Amerika vertrieben, wurden diese Pläne auf Eis gelegt. Die dramatische Flucht aus ihrer alten Heimat Österreich muss den damaligen jungen Karplus nachvollziehbar geprägt haben. In der Zusammenfassung seiner fünfzigseitigen Biographie erwähnt er, dass diese traumatisierende Erfahrung eine wesentliche Rolle in seiner Weltanschauung und bei der Annäherung zur Wissenschaft gespielt hat. Eines Tages, als sein Bruder einen Chemiekasten geschenkt bekam und damit zu experimentieren begann, wurde

Karplus neugierig und bestand darauf, ebenfalls Experimente durchführen zu dürfen. Seine Eltern untersagten ihm sein Vorhaben – sie hielten es für eine schlechte Kombination, dass zwei Teenager mit explosivem Mitteln herumhantieren. Stattdessen bekam Karplus ein Mikroskop, das ausschlaggebend für sein Interesse an den Naturwissenschaften, speziell der Biologie, war.

Wer über die Quantentheorie nicht entsetzt ist,
der hat sie nicht verstanden.

Niels Bohr

Vorwort

Die Aufgabe eines Naturwissenschaftlers liegt im Wesentlichen in der Forschung der Natur und in der Erklärung ihrer Vorgänge. Das mag vielleicht in erster Linie banal und selbstverständlich klingen, aber nicht alle Phänomene, denen wir alltäglich begegnen und die wir für selbstverständlich hinnehmen, sind bei genauerer Betrachtung für den normalen Menschenverstand erfassbar. Besonders wenn wir uns vom Makrokosmos in den Mikrokosmos begeben, wird die Deutung dieser Phänomene umso umfassender und schwieriger. Die Prozesse der Natur mögen uns trivial erscheinen, weil unser Verstand ein vertrauter Bestandteil ihres Daseins geworden ist und im Grunde genommen schon immer war. Warum der Himmel blau erscheint, warum die Erde rund ist und die Sonne umkreist, warum das Wasser flüssig ist und bei hohen Temperaturen verdampft, oder wie die bunten Farben eines Regenbogens entstehen – das alles wird von uns Individuen nur selten hinterfragt oder kaum beachtet.

Mit solchen auf den ersten Blick simpel wirkenden Fragen haben sich antike Philosophen schon vor langer Zeit beschäftigt. Ob Zenon von Elea mit seinem Teilungsparadoxon, womit er das Verhältnis von Raum, Zeit und Bewegung beschrieb, oder Demokrit mit seinem „unteilbaren" Atom, das sich später als zerlegbar erwiesen hat, oder Platons Gleichnisse für die Erkenntnistheorie – sie alle und die philosophischen Gedanken anderer Freidenker bilden das Fundament für die Beschreibung naturwissenschaftlicher Prozesse. Inwiefern diese Überlegungen mit metaphysischem Charakter einen Einfluss auf die Geschichte der Physik – vor allem auf die Quantentheorie –

ausübten und für ihre Weiterentwicklung beitrugen (und es noch weiterhin tun), wird dieses vorliegende Werk unter anderem beantworten.

Es steht außer Frage, dass Philosophen, Naturwissenschaftler[1] und Künstler einen fundamentalen Teil zur positiven Entwicklung der menschlichen Zivilisation beigetragen haben. Auch wenn nicht alle von ihnen heutzutage eine gesellschaftliche Anerkennung genießen, waren ironischerweise genau diese freien Geister, die den technischen und wissenschaftlichen Fortschritt ermöglicht haben. Dabei muss fairerweise betont werden, wie es auch die Geschichte vorführt, dass die meisten wichtigen Beiträge von Personen aus Akademikerfamilien, Aristokratenkreisen und sonstigen elitären Umfelder kamen, die schlichtweg das richtige Netzwerk besaßen und nicht unter Zeit- oder Geldengpässe zu leiden hatten. Umso bewundernswerter sind die Beiträge jener Persönlichkeiten zum gesellschaftswissenschaftlichen Fortschritt, die einfachen sozialen Verhältnissen entstammten. Naturwissenschaftler und Philosophen sind nicht nur jene, die in ihrem Fachbereich ein abgeschlossenes Studium vorweisen können, sondern alle, die sich aus Leidenschaft damit beschäftigen und ihre Entfaltungsmöglichkeiten darin sehen.

Passend dazu schreibt der österreichische Quantenphysiker Anton Zeilinger in seinem Buch „Einsteins Schleier" im Zusammenhang mit Hobbyphysiker, Thomas Young, dessen simples Doppelspaltexperiment die Welt auf den Kopf stellte:

---

[1] Mathematiker und Informatiker inbegriffen

„Vielleicht ist es doch so, dass jemand, der außerhalb des Faches steht, über sein eigenes unabhängiges Einkommen verfügt und daher in seiner Existenz nicht davon abhängig ist, ob er Fachkollegen anerkannt wird oder nicht, leichter ungewöhnliche Schritte in völlig Neuland setzen kann als derjenige, dessen Karriere als Physiker unmittelbar von der Meinung seiner Fachkollegen abhängt."

Die hier vorliegende Lektüre besinnt sich auf die wichtigsten Grundzüge der Quantentheorie – abseits von mathematischen Wirrwarr und komplexer Gedankengänge. Denn bekanntlich liegt die Kunst der effizienten Aufklärung in der Reduktion auf das Wesentliche und in der Einfachheit der Sprache.

Inhaltsverzeichnis

Einleitung

Schon seit über einem Jahrhundert existiert die Quantentheorie. Wie jede andere Theorie hat auch sie sich einer strengen Prüfung erst unterziehen müssen. Seit ihrem erfolgreichen Bestehen spricht man vorwiegend von „Quantenphysik" oder „Quantenmechanik". Heute stellt sie neben der Relativitätstheorie einen Eckpfeiler der modernen Physik dar.

Als Max Planck den ersten „Quanten" ins Rollen brachte, hatte er nicht ahnen können, welche schwerwiegenden Folgen seine außerordentliche Entdeckung für die klassische Physik mit sich bringen würde. Die Newton'schen Gesetze verloren auf einen Schlag für die atomare Größenordnung ihre Bedeutung; man erkannte, dass die Welt der Atome nicht nach unserem mechanischen Weltbild funktioniert. Das planetarische Modell des Atoms, um dessen Kern die Elektronen kreisen, entlarvte sich als falsch. Selbst Materie schien nicht das zu sein, was sie eigentlich sein sollte. Licht, Elektronen, Protonen, Neutronen usw. zeigten sowohl die Eigenschaft einer Welle, als auch die von einem Teilchen. Man sprach deshalb von Teilchen-Wellen-Dualismus und bezeichnete die Materie als Materiewelle.

Selbst die Genauigkeit spielte keine Rolle mehr. Werner Heisenberg erkannte, dass es unmöglich ist, zwei Größen einer Materiewelle - wie Ort und Impuls - gleichzeitig zu bestimmen. Stattdessen veranschaulicht uns der tiefe Einblick in die Realität, dass ihr Fundament auf Wahrscheinlichkeiten beruht; auf sogenannten Wellenfunktionen von Erwin Schrödinger, die gemäß Kopenhagener Deutung bei jeder Beobachtung kollabieren.

Bis heute hat sich nicht zur Gänze geklärt, was sich im Bereich des Unsichtbaren genau abspielt. Es ist kein Geheimnis, dass unsere Erkenntnisse über atomare Größenordnung vollständig auf mathematische Grundlagen beruhen. Es sind zumeist Berechnungen, die uns erlauben, in unbekannte Bereiche einzudringen, ohne die atomare Beschaffenheit durch äußere Einflüsse wie durch Beobachtung zu zerstören.

Zwar lässt sich derzeit die Natur des Makro- bis zum Mikrokosmos durch rechnerische und experimentelle Mittel für den alltäglichen Zweck ausreichend beschreiben, doch es gibt keine Garantie dafür, dass unsere Umgebung tatsächlich das ist, wofür wir sie halten. Die Arbeit des Mathematikers Kurt Gödel führt am offensichtlichsten vor Augen, auf welch dünnem Eis die Wissenschaft in Wahrheit ruht. Mit seinen Unvollständigkeitsgesetzen beweist er, dass der Versuch, ein vollständiges und widerspruchsfreies mathematisches System zu errichten, für immer zum Scheitern verurteilt ist. Er fügte außerdem hinzu, dass es immer Fragen geben wird, die die Mathematik nicht beantworten kann. Es ist also ungewiss, wie sehr die Realität der Echtheit entspricht. Richard Feynman hielt fest, dass das Paradoxe eigentlich der Konflikt ist, der zwischen der Realität und unserem Empfinden, was Realität sein sollte, stattfindet.

Quantenphysik ist gewiss kein leichtes Häppchen. Selbst berühmte Physiker und Nobelpreisträger wie Albert Einstein, Richard Feynman und viele andere gestehen, dass die Welt offensichtlich völlig anders tickt, als unser Verstand es erlaubt. Albert Einstein behielt völlig recht, als er sagte:

„Die Welt kann nicht so verrückt sein. Heute wissen wir, die Welt ist so verrückt."

Wer sagt, er versteht die Quantenphysik,
der hat sie nicht wirklich verstanden.

Richard P. Feynman

Die Natur des Lichts

Bevor wir Hals über Kopf in die Quantentheorie stürzen, ist zunächst eine Auseinandersetzung mit der Natur des Lichts erforderlich, welches wir als Ausgangspunkt nehmen. Wir teilen sozusagen die komplexe Beschaffenheit der Quantentheorie in kleine Portionen auf und ordnen sie so ein, sodass eine verständliche Nachvollziehbarkeit Stück für Stück aufgebaut wird.

Historische Entwicklung

Schon in der antiken Zeit – womöglich auch viel früher – beschäftigten sich Philosophen mit den Phänomenen des Lichts. Man nahm zunächst an, dass das Licht nach dem Auftreffen auf das Auge dasselbe wieder als „Sehstrahlen" verlassen und wie Hände die Umgebung ertasten. Überdies postulierte der griechische Mathematiker Euklid von Alexandria die Geradlinigkeit von Lichtstrahlen, während seine Kollegen Heron und Damianos weiterhin annahmen, dass sie auf dem kürzesten Weg vom Auge zum Gegenstand auftreffen.

Heute wissen wir, dass das vom Objekt reflektierte Licht direkt in das Sehorgan gelangt und nicht umgekehrt. Die Erfassung des Sichtbaren ist also nur durch Reflexion des Lichts möglich – außer das Objekt selbst ist eine Lichtquelle[2].

---

[2] z.B. Kerze, Lampe

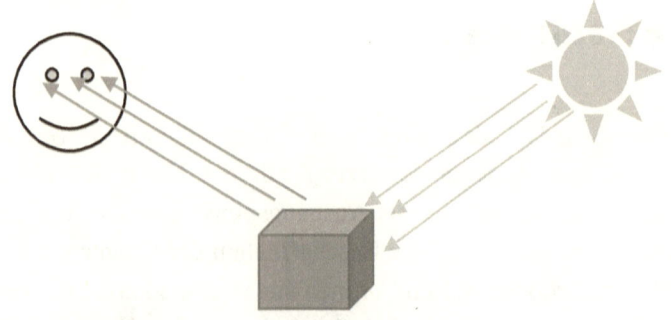

Unausweichlich entstand auch die Diskussion um die Geschwindigkeit von Licht, und es bildeten sich rasch zwei Lager; das eine befürwortete die Endlichkeit und das andere die Unendlichkeit. Für die menschliche Wahrnehmung wirkt das Licht unendlich schnell, da ferne Lichtquellen wie zum Beispiel Sterne scheinbar augenblicklich vom Auge erfasst werden. Doch das hielt die Befürworter der endlichen Lichtgeschwindigkeit nicht davon ab ihren Standpunkt weiterhin zu verteidigen – das Licht müsste sich irgendwie durch den Raum fortbewegen und von der Sonne weg eine lange Strecke zurücklegen. Auch der griechische Philosoph Empedokles glaubte an die endliche Geschwindigkeit des Lichts. Diese Ansicht teilten ebenso persische Philosophen und Wissenschaftler wie Avicenna[3] und Alhazen[4].

Wenig überraschend scheiterte man durch die blinden Überzeugungen daran, eine geschlossene Meinung über die Lichtgeschwindigkeit zu bilden. Diese Gespaltenheit sollte noch eine sehr lange Zeit anhalten, bis erste handfeste Beweise Licht ins Dunkel bringen sollten.

---

[3] Vollständiger Name: Abū Alī al-Husain ibn Abdullāh ibn Sīnā
[4] Vollständiger Name: Abu Ali al-Hasan ibn al-Haitham

Das Phänomen des Lichts, das jede Menge neuer Fragen in den Raum warf, zog alle Neugier auf sich. Es verbreitete sich unter Philosophen und Naturwissenschaftler wie ein Lauffeuer. Mit der Zeit wurden die Anhänger der endlichen Lichtgeschwindigkeit von der aristotelischen Theorie, dass die Lichtgeschwindigkeit unendlich sei, überrollt. Der italienische Naturwissenschaftler Galileo Galilei war einer der ersten, der mit einem groben Versuchsaufbau eine Messung vorzunehmen versuchte – allerdings ohne Erfolg.

Heute wissen wir durch Beobachtungen und Verfahren von Naturwissenschaftlern Ole Römer, Hippolyte Fizeau und Leon Foucault[5], dass das Licht in der Tat mit endlicher Geschwindigkeit rund 300.000 Kilometer pro Sekunde zurücklegt. Dies ist aber ausschließlich im Vakuum der Fall. In der Luft beträgt sie etwa 0.3 Prozent weniger, im Wasser etwa 25 Prozent und in Gläsern wird die Lichtgeschwindigkeit je nach Brechungsindex bis zu 47 Prozent abgebremst. Das Licht erreicht sozusagen ihre volle Entfaltung nur in einem luftleeren Raum. Schon zu Beginn des 17. Jahrhunderts vermutete der deutsche Naturwissenschaftler Johannes Kepler die Abhängigkeit der Lichtgeschwindigkeit vom durchquerten Medium; eine Theorie die sich als wahr erwies.

Auch die Postulate von Euklid, Heron und Damianos, dass die Sehstrahlen sich geradlinig auf dem kürzesten Weg ausbreiten können wir mit dem heutigen Stand der Technik bestätigen – jedoch nicht wie damals angenommen vom Auge auf das Objekt sondern umgekehrt. Bei seinen berühmten Vorlesungsreihen über die Quantenelektrodynamik erklärt Richard Feynman, dass das Licht den Weg sucht, der am wenigsten Zeit beansprucht.

---

[5] Leon Foucault wies unter anderem mit einem Pendel die Erdrotation nach

Es ist erstaunlich, dass freidenkende Köpfe aus der Antike ohne jegliche Hilfsmittel „nur" durch Philosophieren[6] auf solche Erkenntnisse kamen. Das täglich beobachtbare Naturphänomen Licht steckte noch voller Überraschungen und gab weitere Motivation, seine Natur näher zu erkunden.

Teilchen oder Welle?

Die Natur des Lichts war nicht gänzlich geklärt. Noch immer verbarg sie Geheimnisse, die Wissenschaftler und Philosophen aufzudecken versuchten. Einer der größten Fragen betraf ihre Beschaffenheit. Da man wusste, dass das Licht sich mit endlicher Geschwindigkeit ausbreitet, ging man zunächst von einem Teilchencharakter aus. Der englische Naturwissenschaftler und Gründer der klassischen Mechanik, Sir Isaac Newton, versuchte Anfang des 17. Jahrhunderts die Ausbreitung mit seiner Korpuskeltheorie zu erklären, wonach Licht aus kleinen Teilchen (sogenannten „Korpuskeln") besteht. Er ließ Lichtstrahlen auf ein dreieckiges Prisma aus Glas treffen und entdeckte dabei das typisch regenbogenfarbige Spektrum. Die bunten Farben konnte er dadurch erklären, dass das Licht aus einem Strom kleiner Teilchen besteht und jedes dieser Teilchen eine eigene Farbe besitzt. Man vermutete jedoch, dass die Farben irgendwie zum Prisma gehören, woraufhin Newton den Regenbogenstrahl in ein zweites, zusätzliches Prisma einlenken ließ und siehe da: das weiße, natürliche Licht kam wieder aus dem Prisma heraus.

Außerdem ließen sich durch Newtons Korpuskeltheorie auch die Brechung und die Reflexion des Lichts erklären.

---

[6] philosophieren = denken

Trotzdem widersprachen ihm viele Naturforscher wie der niederländische Astronom und Physiker Christiaan Huygens, der in seiner Abhandlung über das Licht klar darlegte, dass das Phänomen der Brechung und Reflexion ebenso durch Wellen beschreibbar sei. Den genaueren Nachweis sollte später der deutsche Physiker Max von Laue mit seinen Kollegen Walter Friedrich und Paul Knipping im Jahr 1912 anhand von Röntgenstrahlen an Kristallen erbringen. Doch davor sollte ein simples Experiment eines Augenarztes Newtons Weltbild endgültig zunichtemachen.

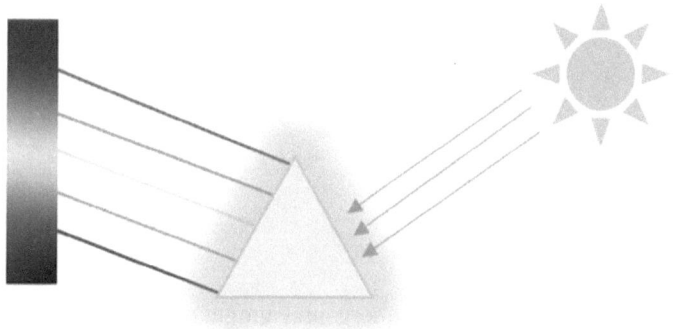

Als Thomas Young, Arzt und Hobbyphysiker, einer Legende nach an einem Teich zufällig zwei nebeneinander schwimmende Enten beobachtete, fielen ihm die kleinen Wellen auf, die sie hinterließen. Er sah, wie die Wellen ineinander kollabierten und ein neues Muster ergaben. Dabei bemerkte er, dass zwei aufeinander treffende Wellenberge einen größeren Wellenberg ergaben und zwei Wellentäler ein noch tieferes Wellental. Wenn hingegen ein Wellental auf ein Wellenberg und umgekehrt traf, hoben sich beide Wellen auf.

Zwei aufeinander treffende Wellenberge ergeben einen größeren Wellenberg:

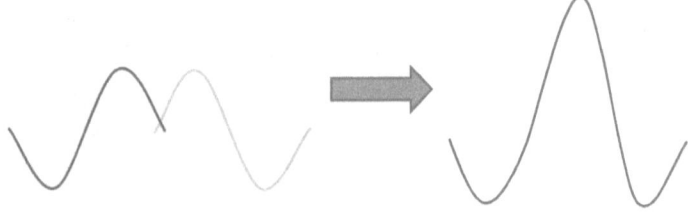

Zwei aufeinander treffende Wellentäler ergeben ein tieferes Wellental:

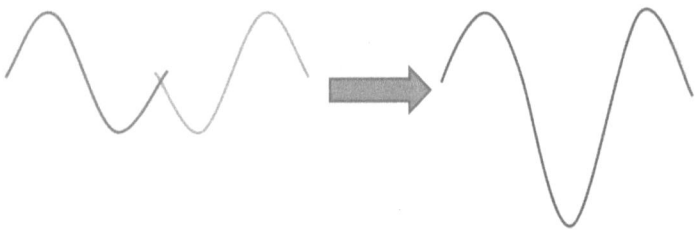

Wellental trifft auf Wellenberg und umgekehrt – beide heben sich auf:

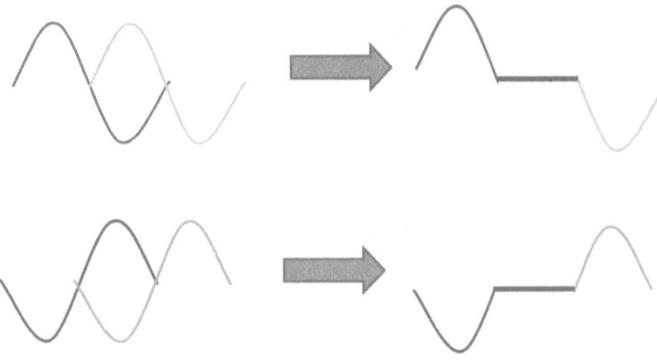

Blitzartig fiel Thomas Young sein altes Experiment ein, das später als das berühmte „Doppelspaltexperiment" in die Geschichte eingehen sollte. Young hatte damals eine Trennwand mit zwei dünnen Spalten zwischen einer Lichtquelle und einem Schirm aufgestellt. Gemäß Newtons Korpuskeltheorie hatte er sich auf dem Schirm zwei helle Striche erwartet, da die Lichtteilchen nur durch die zwei Spalten passieren hätten können. Überraschenderweise entdeckte er stattdessen ein Interferenzmuster[7]. Jetzt, wo er die Kräuselwellen der Enten beobachtet hatte, wusste er, wie mysteriöse das Streifenmuster[8]-Phänomen zu erklären war. Zunächst nahm er an, dass das Licht sich wie eine Wasserwelle ausbreitet. Durch die beiden Spalten teilte sie sich in zwei kleineren Wellen auf, die miteinander interferierten[9]. An dem Punkt, wo zwei Wellenberge oder zwei Wellentäler sich überschnitten, erschien auf dem Schirm ein heller Streifen. Die dunklen Stellen hingegen entstanden durch den Zusammenstoß von Wellenberg und Wellental oder umgekehrt, die sich gegenseitig aufhoben. Das Licht schien sich also tatsächlich wie eine Welle zu verhalten.

---

[7] Ein Muster aus hellen und dunklen Streifen, die nebeneinander angereiht sind.

[8] Dieses Phänomen wird „Beugung" genannt.

[9] interferieren = sich überlagern

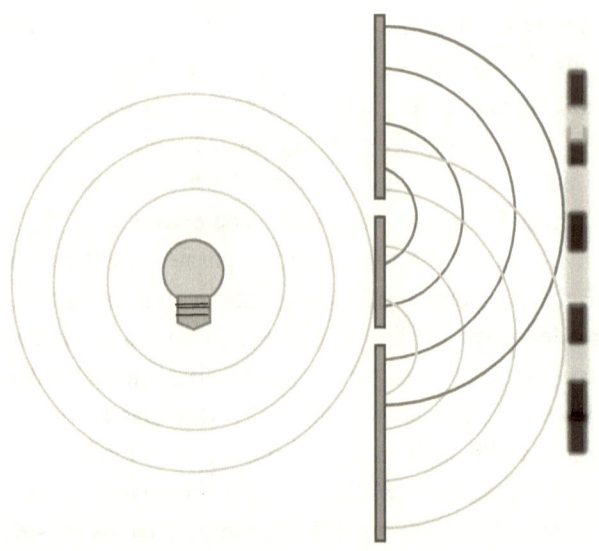

Die Streifen des Interferenzmusters weisen dabei unterschiedliche Lichtintensitäten auf. In der Mitte, wo mehr Wellen gleichen Typs zusammentreffen, ist eine höhere Intensität zu beobachten, während die dunklen Stellen durch die Aufhebung von Wellental und Wellenberg zustande kommen.

Im Jahr 1846 wies der bekannte, englische Experimentalphysiker Michael Faraday den Zusammenhang von Licht und Magnetismus nach. Fast zwanzig Jahre später setzte der schottische Physiker James Clerk Maxwell den nächsten Schritt und fasste den Magnetismus mit der Elektrizität zusammen. Daraus resultierend entstand der Elektromagnetismus, der sich in Form einer Welle ausbreitet. Maxwell konnte dies mathematisch belegen. Das Interessante dabei war, dass die Ausbreitungsgeschwindigkeit genau der Lichtgeschwindigkeit ent-sprach. Daher nahm Maxwell an, dass das Licht aus elektromagnetischen Wellen besteht.

Ein Jahrhundert konnte Newtons Korpuskaltheorie sich über

Wasser halten. Mit der elektromagnetischen Lichttheorie schienen so gut wie alle Phänomene des Lichts geklärt zu sein. Doch eine nachfolgende, neue Erkenntnis sollte den Naturwissenschaftlern den Boden unter den Füßen wegziehen und die Teilchen-Welle-Diskussion wieder entfachen.

Thomas Young

Die Geburt des ersten Quanten

Im 17. Jahrhundert vereinte Sir Isaac Newton Galileo Galileis und Johannes Keplers Forschungen zur Beschleunigung und Planetenbewegung in seinem Hauptwerk *Principia Mathematica* - das Gravitationsgesetz war geboren. Auch die bekannten drei Grundgesetze der Bewegung entstanden mit diesem Werk. Damit legte Newton nicht nur den ersten Grundstein für die Mechanik, sondern erschuf auch das klassische Newton'sche Weltbild, mit dem sich viele Dinge endlich logisch erklären ließen. Äpfel, die von den Bäumen fielen, oder Planeten, die um die Sonne kreisten, waren kein Mysterium mehr, sondern Tatsachen, die Newtons Gesetze ausreichend beschreiben konnten. Die Welt tickte von nun an wie ein komplexes Uhrwerk, das sich deterministisch und kausal verhielt. Alles war beschreib- und kalkulierbar. Allerdings sollte 200 Jahre später, zu Beginn des 20. Jahrhunderts, die Entdeckung eines deutschen Physikers das Newton'sche Weltbild völlig erschüttern.

Sir Isaac Newton

Die Ultraviolett-Katastrophe

Max Planck, Vater der Quantenphysik, ahnte vermutlich nicht, welche fundamentale Bedeutung seine Entscheidung Physik zu studieren für die gesamte Naturwissenschaft haben würde. Dabei war der deutsche Physiker völlig unentschlossen gewesen und schwankte zwischen Musik, Altphilologie[10] und Physik. Trotz Anraten eines nahestehenden Professors etwas anderes zu studieren, da in der Physik alles Grundlegende bereits entdeckt worden sei, entschied sich Max Planck für das Physikstudium. Er schloss es mit Erfolg ab und widmete sich anschließend gleich der Forschung.

Planck beschäftigte sich zunächst mit dem sogenannten „Schwarzen Körper". Physiker hatten durch Wärmezufuhr an Gegenständen beobachtet, dass unterschiedliche Elemente[11] unterschiedliche Farbspektren besitzen. Sie hatten sozusagen einen eigenen Fingerabdruck so wie das natürliche Licht.

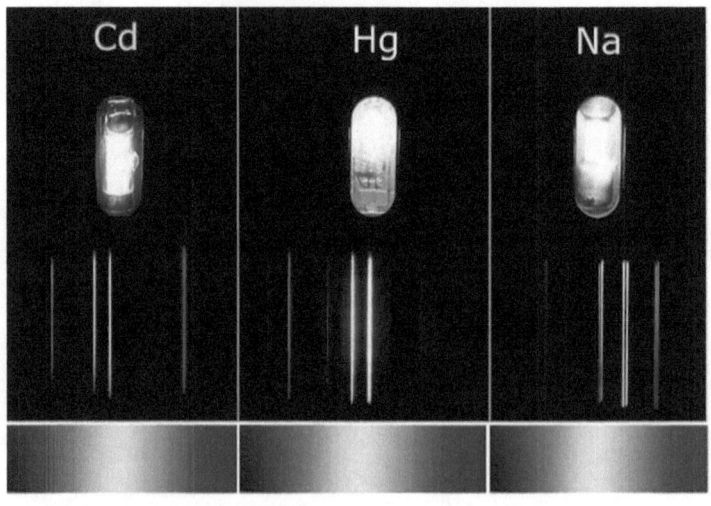

Niederdruckmetalldampflampen mit zugehörigen Emissionsspektren

---

[10] Altphilologie: Sprach- und Literaturwissenschaft mit Schwerpunkt Latein und Altgriechisch
[11] z.B. (Ca, Hg, Na): Cadium, Quecksilber, Natrium

Um dieses Phänomen ohne äußere Störungen näher zu erforschen baute man einen schwarzen Körper, der eine nahezu vollständige Absorption des Lichts erlaubte. Planck verwendete einen Hohlraum, welcher das Licht durch ein winziges Loch in sein Inneres gelangen und an den Wänden reflektieren ließ. Man stellte dabei fest, dass die Farbe und Intensität des jeweiligen Materials ausschließlich von der Temperatur abhängig sind. Beim absoluten Nullpunkt beispielsweise senden die Objekte keine Strahlung. Fügt man hingegen Wärmeenergie hinzu, sodass das Material zu glühen beginnt, wird sie als Lichtenergie wieder durch die winzige Öffnung wieder abgegeben.

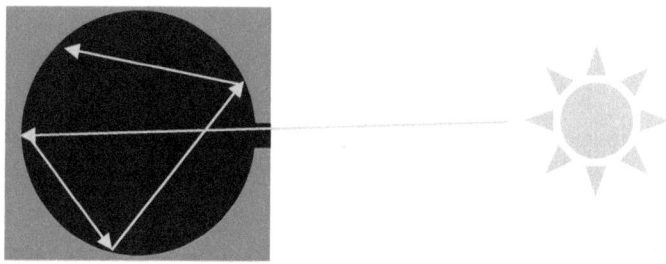

Naturwissenschaftler versuchten erfolglos dieses Phänomen mit mathematischen Formeln zu beschreiben. Das Problem bei der ganzen Sache – die als „Ultraviolett-Katastrophe" in die Geschichte einging – war, dass laut der Berechnungen erhitzte Objekte unsichtbar werden müssten, sobald ihre Temperaturen den Ultraviolettbereich erreichten. Wenn man aber ein Metallstück allmählich erhitzt, verschwindet es natürlich nicht, sondern seine Farbe wandert von glühend Rot, Orange über Gelb und landet schließlich bei Weiß. Mit der klassischen Physik konnte dies nicht erklärt werden. Die bisherigen mathematischen Gleichungen von Wilhelm Wien und John William Strutt konnten nur einen Teil des Strahlungsspektrums beschreiben.

Als Planck die bestehenden Gleichungen unter die Lupe nahm erkannte er, dass gewisse Energiestückchen der Strahlung immer übrig blieben. Er bewahrte zunächst einen kühlen Kopf und versuchte dieses Problems mittels theoretischer Zugänge anzugehen. Laut Planck müsste es doch irgendeine physikalische Erklärung dafür geben. Doch er landete in einem „Akt der Verzweiflung" – so beschrieb er es danach – bis er auf die Arbeit vom deutschen Physiker Heinrich Hertz zurückgriff, der einen Oszillator[12] zu Messung von elektromagnetischen Wellen und deren Emission und Absorption entwickelt hatte. Man nahm schon früher an, dass elektromagnetische Strahlung im schwarzen Körper in Form von stehenden Wellen existiert. Eine stehende Welle kann man sich wie eine Gitarrenseite vorstellen, die an beiden Enden fixiert ist und „stehend" ab und aufschwingt.

Planck nahm an, dass diese Wellen nicht jeden beliebigen Energiewert annehmen durften. Stattdessen formulierte er sehr vorsichtig „die Energie könnte quantisiert sein", also dass ihre Übertragung in Paketen nicht in beliebiger, sondern bestimmter Größe stattfindet. Eine blaue, stehende Welle beispielsweise hat eine Energie von 3 eV (Elektronenvolt), 6 eV oder 9 eV – aber niemals Werte dazwischen. Weil die Schwingung der Wellen von ihrer Frequenz (v) abhängig ist, setzte er sie als logische Schlussfolgerung mit der Energie (E) der Strahlung in Relation. Eine weitere Größe, eine Naturkonstante[13], die allen anderen Forschern entgangen war, vervollständigte Plancks mathematische Beschreibung. Planck konnte es erst kaum glauben, als er die Ergebnisse seiner mathematischen Formel

---

[12] Oszillator: ein schwingungsfähiges System
[13] Ein Wert, der nicht beeinflussbar ist.

mit dem Phänomen der „Ultraviolett Katastrophe" abglich: Das Problem war wie durch ein Wunder gelöst!

$$E = h \cdot v$$

Die unvorstellbar kleine Naturkonstante „h" erhielt die Bezeichnung „Planck'sches Wirkungsquantum". Planck hatte $6{,}885 \cdot 10^{-34} Js$ als Wert ausgerechnet und lag damit um vier Prozent daneben. Diese Ungenauigkeit war allerdings technisch bedingt – wie wir heute wissen, beträgt es $6{,}62 \cdot 10^{-34} Js$.

Zu Beginn des 20. Jahrhunderts stellte Max Planck seine Ergebnisse letztendlich der Öffentlichkeit vor. Zu diesem Zeitpunkt ahnte er noch immer nicht, welchen großen Fels er ins Rollen gebracht hatte, der sich zielgerade und unaufhaltbar auf das Fundament der klassischen Physik zubewegte.

Max Planck

Einsteins Photoeffekt

Trotz der Veröffentlichung von Plancks Ergebnisse zur Wärmestrahlung von schwarzen Körpern hatte niemand ihre fundamentale Bedeutung erkannt. Die Formel, mit der Planck die anfangs unbezwingbar wirkende Ultraviolett-Katastrophe endlich behoben hatte, sah man zunächst als einen mathematischen Trick an. Bis Albert Einstein, Physiker und später Nobelpreisträger (1922), ein bekanntes, ungeklärtes Phänomen mithilfe von Plancks Arbeit erklären konnte.

Schon vor Einstein hatte man den Austritt von Elektronen aus einer Metallplatte beobachtet, wenn man sie mit Licht bestrahlt hatte. Rückte man die Lichtquelle näher zur Platte, so wurden zwar mehr Elektronen aus der Platte herausgelöst, doch die Austrittgeschwindigkeit blieb unverändert. Nahm man hingegen andere Wellenlängen des Lichts z.B. nur den UV-Anteil und bestrahlte damit die Metallplatte erneut, so war eine Veränderung in der Geschwindigkeit zu registrieren. Mit der klassischen Physik ließ sich dieser Sachverhalt nicht erklären. Auch Einstein hatte sich mit dem Problem vergebens auseinandergesetzt, bis er auf Max Planck Arbeit stieß.

Nachdem Einstein die korrekte mathematische Formulierung zur Beschreibung dieses Phänomens darlegen konnte, woran andere gescheitert waren, stellte er einige Jahre später seine Lichtquantenhypothese auf, mit der er das Licht als Strom von Teilchen beschrieb. Diese „Quanten" (auch Lichtquanten oder Photonen[14]), wie Einstein sie bezeichnete, könnten nur in bestimmten Portionen vorkommen und sind nicht weiter zerlegbar (d.h. sie können nur als Ganzes aufgenommen oder abgegeben werden). Man stelle es wie Wasser aus der Leitung vor: Betrachtet man einen Wasserstrahl in Zeitlupe, so erkennt das Auge, dass er aus Tropfen bzw. aus Portionen kleiner Teilchen zusammengesetzt ist.

Auch wenn noch unterschiedliche Meinungen hinsichtlich des Ursprungs der Bezeichnung „Quanten" herrschen, so liegt es nahe, dass sie auf Einstein zurückgeht.

---

[14] Der Begriff „Photon" wurde von verschiedenen Autoren eingeführt.

Das Licht nach Einsteins Lichtquantenhypothese:

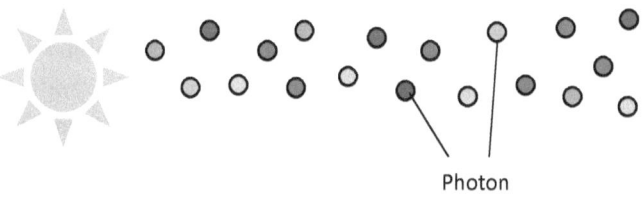

Photon

Das Licht nach klassischer Physik:

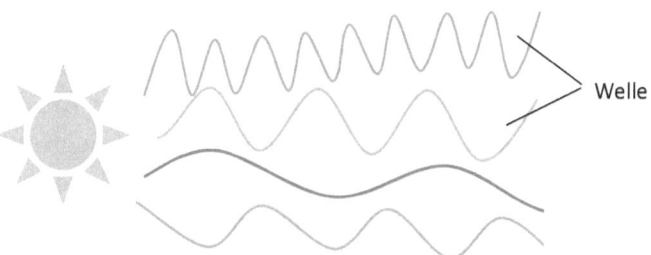

Welle

Die von Planck aufgestellte Formel, die anfangs als ein gewöhnlicher, mathematischer Ausdruck angesehen worden war, war nun durch die Arbeit von Einstein gedeckt. Planck selbst hatte wohl ihre Bedeutung gewaltig unterschätzt oder seine eigenen Interpretationen gar für unrichtig erachtet, denn erst nach acht Jahren hatte er sich getraut, die Energiezustände als diskret zu bezeichnen[15]. Auch seine zuvor vorsichtig formulierte Aussage, dass die Strahlungen quantisiert sein könnten, gibt den Aufschluss seiner Unsicherheit.

Spätestens an der ersten Solvay Konferenz im Jahr 1911 sollte sein Misstrauen sich bemerkbar machen. Planck lehnte

---

[15] Diskrete Vorgänge widersprechen quasi der klassischen Physik, welche die Natur als kontinuierliches System beschreibt.

Einsteins Hypothese, dass das Licht quantisiert sei, vehement ab. Stattdessen hielt er fest, dass nur der Energieaustausch quantisiert sei. Einsteins Postulat muss Plancks Glauben an klassische Physik so sehr demütigt haben, dass er eine weitere Theorie darlegte, die vollkommen ohne Quanten auskam.

Max Planck war nicht allein mit seinem Misstrauen gegenüber Einstein. Denn jegliche Arbeiten von Naturwissenschaftlern, vor allem jene, die dem damaligen allgemeinen Verständnis widersprachen, mussten zuerst strengen Überprüfungen unterzogen werden, bevor sie in wissenschaftlichen Kreisen Beachtung fanden.

Unterstützung bekam Planck von amerikanischem Physiker Robert Millikan, der fest entschlossen war Einsteins Arbeit als Irrtum aufzudecken. Drei Jahre seiner Forschungszeit investierte Millikan in den Photoelektrischen Effekt um Einsteins Annahmen zu widerlegen und staunte dann nicht schlecht, als seine Forschungen ergaben, dass Einsteins Berechnungen exakt das Phänomen beschrieben. Ironischerweise brachte ihm unter anderem dieser (Gegen-)Versuch einen Nobelpreis in Physik.

Die Entdeckungen von Planck und Einstein waren spätestens nach dem Beitrag von Millikan unbestreitbar anzuerkennen. Doch herrschende Zweifel und Unentschlossenheit der Naturwissenschaftler ließen dies nicht sofort zu. Das Komitee überreichte ihnen erst Jahre später den Nobelpreis (Planck 1920; Einstein 1921).

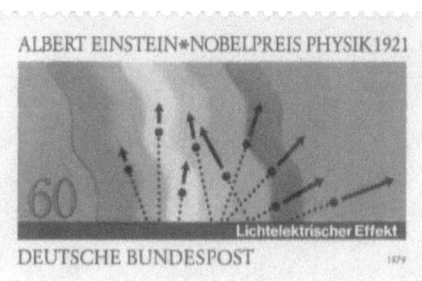

Sonderbriefmarke zum Einsteins 100. Geburtsjahr

*Den Rest meines Lebens möchte ich damit zubringen,
darüber nachzudenken, was Licht ist.*

Albert Einstein

Wellen-Teilchen-Dualismus

Noch immer hatten Einsteins und Plancks Forschungsergebnisse mit der Akzeptanz der breiten Masse zu ringen. Thomas Young hatte hundert Jahre zuvor die Welleneigenschaft des Lichts mit seinem Doppelspaltexperiment experimentell nachgewiesen und erhielt Unterstützung durch Max von Laues Entdeckung im Jahr 1912, der Wellenphänomene von Röntgenstrahlen an Kristallen nachweisen konnte. Nun aber postulierte Albert Einstein mit seiner Lichtquantenhypothese, dass das Licht aus Strom kleiner Teilchen zusammengesetzt ist.

Wie es in der Naturwissenschaft üblich ist, griff man auch hier auf die klassischen Experimente zurück, in der Hoffnung Antworten auf neue Fragen zu erhalten. Also wiederholte man im Jahr 1915 Youngs Doppelspaltexperiment erneut. Da es sich laut Einsteins Lichtquantenhypothese beim Licht um Teilchen (Photonen) handelte, stellte sich unvermeidlich die Frage, welchen Spalt die Photonen auf ihrem Weg zum Schirm nehmen und wie sie als Teilchen auf der anderen Seite ein Interferenzmuster auslösen würden. Dafür modifizierten die Forscher das Experiment so, dass es erstens dem Stand der Technik entsprach und zweitens im Stande war, die offenen Fragen zu beantworten.

Zunächst nahm man eine schwach leuchtende Lichtquelle, die nur ein Photon abgab, wenn man sie aktivierte – wie ein einziger Pistolenschuss. Die Spalten hingegen wurden mit jeweils einem Detektor ausgerüstet, der das vorbeifliegende Photon aufzuspüren hatte.

Dass der Photodetektor[16] funktionierte, war dank des von Einstein entdeckten Photoeffekts möglich, bei dem das Licht Elektronen aus der Platte herausschoss, deren Energie in elektrische Energie umgewandelt wurde. Wenn ein Photon also durch einen Spalt flog, leuchtete der getroffene Detektor. Außerdem erweiterte man den gewöhnlichen Schirm mit einer Fotoplatte, um die „Aufprallstelle" des Photons mit einem schwarzen Punkt zu markieren.

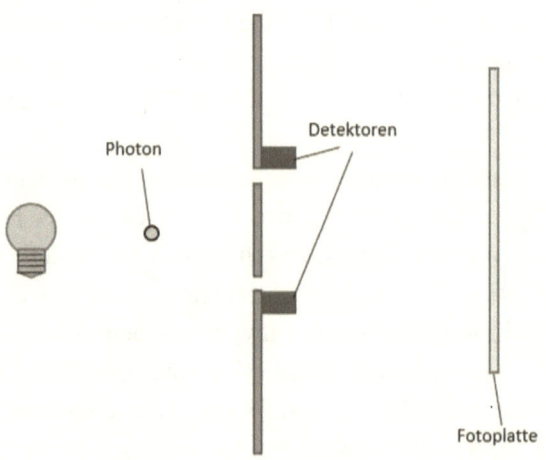

Als nichts mehr im Wege stand, startete man das Experiment, das schon einmal zu neuen Erkenntnissen hinsichtlich der Beschaffenheit des Lichts geführt hatte. Zunächst ließ man die Photonen bei den inaktiven Detektoren einzeln durch die Spalten passieren. Erst wenn das Photon auf der Fotoplatte landete, wurde das nächste Photon freigesetzt. Die Erwartung war folgende: das Photon verlässt die Quelle, fliegt mit einer

---

[16] Auch Lichtsensor oder optischer Detektor genannt.

Wahrscheinlichkeit von fünfzig Prozent durch den linken oder den rechten Spalt und trifft irgendwo auf der Platte ein.

Wie erwartet passierten die Photonen die Trennwand und landeten auf einem zufälligen Bereich der Fotoplatte – mal unten, mal oben, mal ganz links, mal ganz rechts und mal in der Mitte. Zunächst sah man nichts Ungewöhnliches dabei. Doch als immer mehr Photonen auf der Platte eine Markierung hinterließen und allmählich ein erkennbares Muster bildeten, staunten die Versuchsleiter nicht schlecht: Die Fotoplatte wies eine Interferenz des Lichts auf.

Ähnlich wie bei Youngs Experiment hatten sich hier helle und dunkle Stellen gebildet, die die Photonen als Landepunkt genommen bzw. vermieden hatten. Aber wie konnte das passieren? Die Photonen wurden doch einzeln geschossen und hatten gar nicht die Möglichkeit sowohl vor der Trennwand als auch danach miteinander zu interferieren. Als ob sie voneinander wussten, verteilten sie sich auf der Platte in der Form, sodass sie gemeinsam das Interferenzmuster bildeten.

Wiederholte man das Experiment in der gleichen Weise, änderten sich zwar die Markierungspunkte, sprich die Landepunkte der Photonen, doch im Gesamten erzeugten sie wieder ein Interferenzmuster – wobei ihre Verteilung stets in der Mitte zunahm und von ihr weg abnahm. Wie beim Wellenphänomen baute sich hier die höchste Intensität in der Mitte auf, wo sich Wellenberge bzw. Wellentäler mit Ihresgleichen überlagerten.

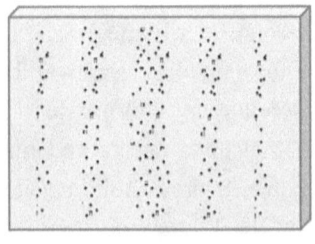

Fotoplatte

Verteilung der Photonen

Zunächst dachten die Versuchsleiter, dass das Photon sich auf dem Weg zur Platte irgendwie in zwei Teile getrennt haben müsste. Denn erst dann wären sie im Stande, sich zu überlagern und ein Interferenzmuster zu bilden. Doch im nächsten Schritt des Experiments sollten sie eines Besseren belehrt werden.

Um herauszufinden, durch welchen Spalt die Photonen fliegen, wurden für den nächsten Versuchsgang die Detektoren aktiviert. Wieder feuerte man einzeln die Photonen ab, die ganz nach dem Zufall manchmal die linke und manchmal die rechte Spalte passierten und auf der Fotoplatte landeten. Mal meldete sich der linke Detektor und mal die rechte. Als auch hier wieder ein erkennbares Muster zu sehen war, zog die neue Erkenntnis den Versuchsleitern endgültig den Boden unter ihren Füssen. Die Photonen hatten auch hier gewisse Stellen vermieden. Aber diesmal bildeten sie kein Interferenzmuster, sondern zwei Linien, die den Spalten entsprachen. Während der Messung durch die Detektoren verhielten sie sich wie Teilchen, die durch den Spalt auf direktem Weg auf der Platte einschlugen.

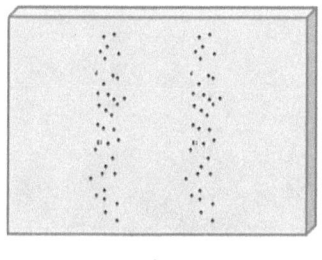

Fotoplatte

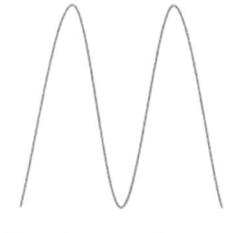

Verteilung der Photonen

Es müsste eine nachvollziehbare Erklärung dafür geben. Das Licht könnte sich doch nicht einmal als Welle und einmal als Teilchen verhalten. Viele Male wiederholten die Versuchsleiter verzweifelt das Experiment, mit der Hoffnung eine sinnvolle Erklärung für dieses mysteriöse Phänomen zu finden. Stets mit demselben Ergebnis: ließ man die Detektoren deaktiviert, verhielt sich das Licht wie eine Welle. Aktivierte man sie hingegen, verhielt es sich wie Teilchen und das Interferenzmuster verschwand.

Am Ende der Verzweiflung blieb der Wissenschaft gezwungener Maßen nichts anderes übrig, als dem Licht eine Wellen- und zugleich Teilcheneigenschaft zu zuordnen. Mit diesem Schritt entstand der sogenannte Wellen-Teilchen-Dualismus, der später durch die Kopenhagener Deutung aufgelöst werden sollte.

Bohrs Atom-Modell

Dass Albert Einsteins und Max Plancks Forschungsergebnisse mit Quantencharakter nicht abrupt die breite Akzeptanz gefunden hatten, überraschte zunächst niemanden. Dafür war die Zeit offenbar noch nicht reif genug. Doch das hielt andere Physiker längst nicht davon ab, deren Erkenntnisse auf die eigene Arbeit anzuwenden.

Eines dieser Physiker war der Däne und später Nobelpreisträger, Niels Bohr. Es war bereits bekannt, dass jedes Element sein eigenes Farbspektrum hatte. Darüber hinaus hatten Forscher am Anfang des 19. Jahrhunderts im Spektrum des Sonnenlichts feine, schwarze Streifen – die sogenannten Absorptionslinien – entdeckt, wofür sie zunächst vergebens nach Erklärungen suchten. Es dauerte nicht lange bis man herausfand, dass sie durch kühlere Materiewolken in der Sonnenatmosphäre verursacht wurden, die bestimmte Frequenzen absorbierten. Auch das Licht anderer Sterne besaß ihr eigenes Spektrum mit eigenen Absorptionslinien. Damit ließen sich praktischerweise chemische Untersuchungen von weiter Ferne anstellen; beispielsweise aus welcher Art von Gasen oder Elementen die Atmosphären fremder Planeten bestehen. Man brauchte sie nur mit den Spektrallinien der Elemente aus der Erde abzugleichen und schon wusste man, um welche Elemente es sich handelte.

Doch diese Phänomene ließen sich mit dem Rutherford'sches Atommodell weder erklären, noch mathematisch korrekt beschreiben. Es war an der Zeit das veraltete Modell zu revolutionieren. An diesem Punkt sollte Niels Bohrs Forschungsarbeit über das Lichtspektrum des Wasserstoffatoms

Abhilfe schaffen.

Das Wasserstoffatom ist das einfachste Element und besteht aus einem positiv geladenen Kern, dem Proton, und einem negativ geladenen Elektron. Bohr versuchte eine plausible Beschreibung für dieses einfachste Element zu finden, und sein Spektrum auf atomarer Ebene zu formulieren, um dieses Prinzip danach auf alle anderen Elemente anwenden zu können.

Zunächst ging Bohr davon aus, dass das Elektron nur beim Übergang zwischen den Spektrallinien ein (bestimmtes) Licht emittiert. Die Energieniveaus der Elektronen könnten diese Sprünge zwischen den Spektrallinien unmöglich kontinuierlich beschreiben. Wie es Albert Einstein eins geschafft hatte, durch Max Plancks Arbeit den Photoeffekt zu erklären, so begann auch Niels Bohr, die vorhandenen Erkenntnisse anderer mit seiner eigenen Forschungsarbeit zu verknüpfen. Zunächst integrierte er das Planck'sche Wirkungsquantum in das bestehende Atommodell und nahm an, dass die Elektronen des Atoms nur portioniert und nicht stetig ein Photon emittieren oder absorbieren können. Dabei ist zu erwähnen, dass ein Elektron durch die überschüssige Energie ein Photon emittiert, wenn es in eine niedrigere Bahn fällt, und ein Photon absorbiert, wenn es auf eine höhere Bahn aufsteigt.[17] Das Elektron konnte also laut Bohr nur sprunghaft die Bahnen wechseln, was nicht dem klassischen Bild der Stetigkeit entsprach.

Eine weitere Erkenntnis zeigte, dass sich diese unstetigen Sprünge auf größeren Elektronenbahnen wiederum klassisch verhielten. Es gab also einen greifbaren Übergang von der Quantenmechanik zu der klassischen Mechanik, den Bohr später in seinem (Bohr'schen) Korrespondenzprinzip genauer for-

---

[17] Eine Emission und Absorption findet in der Regel dann statt, wenn das Photon genau das Energieniveau des Elektrons aufweist.

mulierte.

Mit dem eingeführten Planck'schen Wirkungsquantum konnte er nun die „Quantensprünge" im Atom bzw. die Energieniveaus der Elektronen im Wasserstoffatom mathematisch korrekt beschreiben, wofür er im Jahr 1922 den Nobelpreis erhielt.

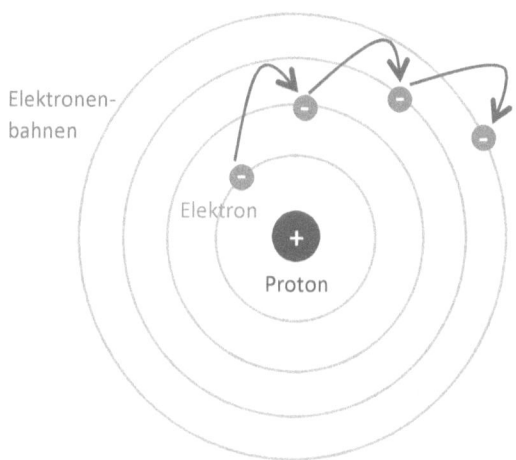

Atome – die Welt der Unsichtbaren

Heute ist das Bohr'sche Atommodell das geläufigste Modell, das auf den meisten Schulunterlagen abgebildet wird. Seine simple Darstellung, die dem vertrauten Sonnensystem ähnelt ist zwar leicht verständlich, aber selbstverständlich nur eine Abstraktion, mit dem wir uns ein Bild über atomare Vorgänge auf mathematischer Ebene machen können.

Dieses abstrakte Bild, welches das Fundament aller natürlichen Prozesse bildet, hat die Aufgabe, uns die Realität und deren Gesetze näherzubringen. Freilich war es damals für viele noch paradoxer, dass unsere Vorstellung von Natur auf etwas beruht, das sich weder mit dem freien Auge, noch mit technischen Hilfsmittel beobachten lässt.

Der griechische Philosoph Demokrit von Abdera und sein Lehrer Leukipp hatten die Zusammensetzung der gesamten Natur aus unteilbaren, kleinsten Einheiten, den sogenannten Atomen, beschrieben. Seitdem sind ein dutzend neue Modelle mit ähnlichen Postulaten entstanden. Interessant ist jedoch, dass schon der antike Philosoph Platon das Atom im Gegensatz zu Demokrit für teilbar hielt.

Der heutige Stand der Technik zeigt uns, dass selbst der Kern und die um ihn kreisenden Elektronen in weitere Teile zerlegbar sind. Wir können diese Zerlegungen im CERN[18] anhand Computersimulationen beobachten und mit sensiblen Sensoren ihre Ladungen messen. Auch wenn andere Physiker wie Werner Heisenberg und Hans-Peter Dürr den Zerlegvorgang missbilligen und stattdessen das Ergebnis des Zusammenpralls von atomarer Teilchen als Erschaffung neuer Elementarteilchen derselben Gruppe interpretieren.

Die atomare Größenordnung ist und bleibt viel zu klein für optische Instrumente, als dass wir sie jemals betrachten können. Selbst das Rastertunnelmikroskop (RTM), ein High-End-Gerät dessen Spitze idealerweise nur aus einem Atom besteht, kann uns nur mit Messwerten besänftigen.

Bereits 1871 lehnte der österreichische Philosoph und Naturwissenschaftler Ernst Mach die Existenz der Atome vehement ab. Allein schon aus dem Grund, dass sie nicht sichtbar bzw. nicht sinnlich wahrnehmbar sind. Doch die Naturwissen-

---

[18] CERN: Europäische Organisation für Kernforschung

schaft wird stets von solchen kritischen Stimmen begleitet werden und das ist auch erforderlich für ihren Fortschritt.

Auch Bohrs Atommodell gehörte hier nicht zu den Ausnahmen und musste sich vielen Kritiken erstmal hinstellen. Einer der führenden Kritiker war gewiss der österreichische Physiker und spätere Nobelpreisträger Erwin Schrödinger, der Niels Bohrs springende Elektronen abschätzig mit Flöhen verglich.

Eine überaus originelle Idee eines französischen Physikers sollte Schrödinger später einen Denkanstoß für die Gründung seiner weltberühmten Wellengleichung geben. Schrödingers Versuch Bohrs Atom durch seine spätere Wellenmechanik aufzulösen, sollte unvermeidlich zu einem schwierigen Verhältnis zwischen ihm und Bohr führen. Doch wissen wir heute, dass das Bohr'sche Atommodell, das einst durch die Inklusion der Quantentheorie „Sprünge" der Elektronen im Atom postuliert hatte, weit überholt ist. Die Elektronenbahnen gibt es nämlich gar nicht, worauf wir im Folgenden näher eingehen werden.

Niels Bohr

Die Materiewelle

Erst im Jahr 1923, also fast ein Jahrzehnt nach Einsteins Photoeffekt, erhielt die Lichtquantenhypothese allmählich Akzeptanz. Dies war maßgeblich auf die Entdeckung des amerikanischen Physikers und späteren Nobelpreisträgers (1927) Arthur Compton zurückzuführen.

Compton hatte schon lange Zeit Röntgenstrahlen erforscht und konnte die Wechselwirkung zwischen Elektronen und Röntgenstrahlen mit Einsteins Lichtquanten (Photonen) erklären. Das Licht bestand also doch aus einem Strom von Teilchen – aber zugleich wies es auch Welleneigenschaften auf. Beide Theorien des Lichts schienen durch die bisherigen Experimente erfüllt zu sein. Wie beim Elektromagnetismus stellte das Licht offenbar zwei verschiedene Seiten derselben Medaille dar. Es fehlte lediglich noch die passende Theorie dazu, die beide Eigenschaften zu einem gemeinsamen Dasein vereinen konnte.

Die Hoffnung lag in der Quantenphysik, die näher erforscht und weiterentwickelt wurde und den Wellen-Teilchen-Dualismus bald ersetzen sollte. Denn während viele Naturwissenschaftler ihren Pflichten nachgingen, zeigte die außergewöhnliche Theorie eines französischen Physikers auf, dass die Doppelnatur weit mehr umfasste als das Licht.

De Broglies kühne Idee

Es wurde bisher als Selbstverständlichkeit angenommen worden, dass Materie aus kleinen Teilchen wie z.B. aus Molekülen und Atomen zusammengesetzt ist. Das ließ sich auch logisch leicht erklären, denn seine makroskopische Beschaffenheit ist mit den Sinnesorganen registrierbar, z.B. durch Berühren oder Sehen. Außerdem besitzt Materie im Gegensatz zu Licht eine Ruhmasse. Könnte das Licht hingegen aus Teilchen bestehen, wenn es nicht greifbar ist und keine Ruhmasse hat? Oder lässt es sich in irgendeiner Form abwiegen?

Der gemeine Menschenverstand wurde darauf programmiert, die Materie als Teilchen und das Licht als eine Welle anzunehmen. Deshalb ist es nicht erstaunlich, dass die Teilchennatur des Lichts anfangs nicht in Betracht gezogen wurde und man gar Theorien in diese Richtung ablehnte. Dass hingegen Elektronen und andere atomare Bausteine eine Wellennatur besitzen könnten, kam hingegen niemandem – nicht einmal im Geringsten – in den Sinn. Bis ein französischer Aristokrat und späterer Nobelpreisträger eine kühne Theorie vorlegte, die die Physik auf den Kopf stellte.

Bohrs Atommodell mit Elektronen, die wie Flöhe von Schale zu Schale sprangen, erlaubte zwar die Spektren der Elemente korrekt zu beschreiben, doch sie gab keine vernünftige und physikalische Erklärung her. Vor allem fehlte der Zusammenhang zwischen Bohrs Elektronen und dem Planck'schen Wirkungsquantum. Ganz abgesehen davon, dass sein Modell nicht alle Phänomene beantworten konnte und auch zum Teil zu Widersprüchen führte.

Louis de Broglie beschäftigte sich schon seit Beginn der 20er mit der Doppelnatur des Lichts. Bei seinen Experimenten bemerkte er, dass auf lange Zeit hinweg das Licht Wellencharakter zeigte aber sich bei kurzen Momentaufnahmen, wie z.B. bei Energieaustausch zwischen Licht und Materie, wie Teilchen verhielt. Seine Schlussfolgerung aus dieser Beobachtung war, dass die Eigenschaft sich je nach Situation änderte, aber nie beides gleichzeitig der Fall war.

De Broglie suchte eine plausible Erklärung dafür. Wenn das Licht dualistisch sein konnte, was sprach dann gegen eine Doppelnatur der Elektronen? So hatte er sich das wahrscheinlich überlegt, als er die Welleneigenschaft der Materie in Betracht zog.

Die simple Erklärung fand er in Violinsaiten. Er stellte sich die Elektronenbahnen wie schwingende Saiten vor, die an ihren zwei Enden befestigt sind und ihre eigenen Wellenlängen besitzen. Auch de Broglie hatte wie einst Einstein und Bohr von Planck'schen Wirkungsquantum Gebrauch gemacht, um die Wellenlänge der schwingenden Saiten zu ermitteln. Diese Saiten werden als „stehende Wellen" bezeichnet – das heißt sie schwingen auf und ab, ohne sich entlang der Saite zu fortzubewegen.

$$\lambda = \frac{h}{p}$$

p... Impuls
h... Plancksche Wirkungsquantum

Wenn Bohrs Atom wie ein Miniaturmodell des Sonnensystems sein durfte und seine Elektronen wie Flöhe hin- und herspringen konnten, wie sie Schrödinger kritisch bezeichnet hatte, wieso sollte es dann nicht auch eine winzige Violine mit Saiten sein dürfen?

Stehende Welle:

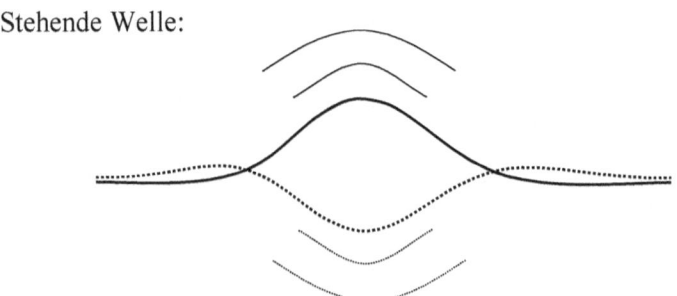

Atom-Modell nach de Broglie:

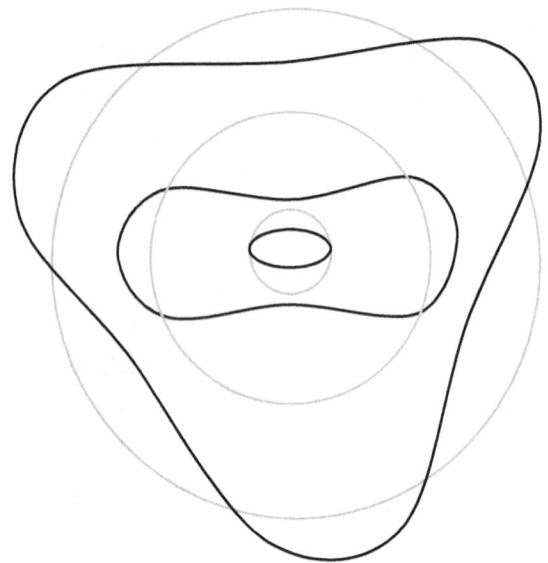

Die äußere Schale besteht aus sechs stehenden Wellen, die mittlere aus vier und die innere aus zwei.

Auf diesen vorerst ungewöhnlich wirkenden Gedanken basierend verfasste De Broglie seine Arbeit, worin er seine kühne Idee festhielt, und veröffentlichte sie anschließend als Doktorarbeit. Das Problem an der ganzen Sache war, dass es sich dabei lediglich um eine Theorie handelte. Sie besaß keine experimentelle Stütze. Stellen Sie sich vor, man würde behaupten, dass Atome ein Topf voller Gold sind, umgeben von Kobolden. Man könnte diesen Sachverhalt vielleicht mathematisch formulieren, doch ließe er sich experimentell schwer beweisen. Also wandten sich die ratlosen Prüfer an Albert Einstein, der seine Meinung zu De Broglies Theorie mit den Worten *„Es sieht vielleicht verrückt aus, aber es ist wirklich folgerichtig!"* kommentierte.

Einstein behielt Recht. Wenig später hatte Clinton Davisson mit Hilfe von de Broglies Idee die bisher ungelöste Randerscheinung seines Experiments endlich erklären können. Die Elektronen mit denen Davisson experimentiert hatte, hatten ein wellenartiges Reflexionsmuster ergeben. Doch jetzt hatte er endlich die Erklärung dazu.

Sechs Jahre später erhielt Louis de Broglie für seine originelle Arbeit den Nobelpreis und im Jahr 1937 erhielt ihn Davisson für die experimentelle Bestätigung.

Louis de Broglie

Schrödingers Wellengleichung

Nicht einmal Monate waren seit der Veröffentlichung vergangen und schon stürzten sich erste Physiker auf De Broglies
Elektronenwellen. De Broglies kühne Idee hatte der Naturwissenschaft zwar eine weitere bahnbrechende Erkenntnis be-
schert, jedoch konnte sie ihr Dasein in einem funktionierenden
Atommodell noch nicht rechtfertigen. Es fehlte noch die passende mathematische Formulierung, die unter anderem den
Energieaustausch der Materiewellen bzw. die Emission und
Absorption des Lichts beschreiben konnte.

Erste Versuche kamen von einem österreichischen Physiker
und späteren Nobelpreisträger (1933) Erwin Schrödinger. Er
scheiterte zunächst mit seinen Wellenformeln, die das Spektrum des Wasserstoffatoms unvollständig beschrieben. Dabei
war diese Unvollständigkeit nicht an seiner geistigen Schöp-
fungskraft gelegen, sondern an dem damaligen Erkenntnisstand
der Physik.

Im selben Jahr arbeiteten die deutschen Physiker Werner
Heisenberg, Max Born und Pascual Jordan an einem eigenen
quantenmechanischem Entwurf für das Atommodell, den sie
als Matrizenmechanik bezeichneten. Auch sie stießen auf dasselbe Problem wie Schrödinger, könnten allerdings dank Wolfgang Paulis eingeführter „Spin"[19] ihren mathematischen Beleg
erbringen. Schrödinger durfte nicht einmal davon gewusst haben, weshalb er seinen Ansatz änderte. Dabei war er kurz davor
gewesen, den Zwischenstand seiner Arbeit zu veröffentlichen.
Als er ein Jahr später seine endgültige Arbeit mit neuem An-

---

[19] Spin: Drehimpuls des Elektrons

satz veröffentlichte, rückte er als Erlöser der Quantentheorie in das Rampenlicht.

Allgemeine Form der Schrödingergleichung:

$$i\hbar \frac{\partial}{\partial t} | \psi(t)\rangle = H | \hat{\psi}(t)\rangle$$

Allgemeine Form der Matrizenmechanik:

$$i\hbar \frac{\partial}{\partial t} \langle \phi_n | \psi(t)\rangle = \sum_m \langle \phi_m | H | \phi_m \rangle \langle \phi_m | \psi(t)\rangle$$

So verschieden die Formeln auf den ersten Blick auch aussahen, stellte es sich doch wenig später heraus, dass beide äquivalent waren – d.h. beide Formeln führten letztendlich zu denselben Ergebnissen, nur hatten ihre Erschaffer unterschiedliche Ansätze genommen.

Lediglich hatte Schrödingers Wellengleichung gegenüber der Matrizenmechanik einen wesentlichen Vorteil: Schrödinger hatte beim Aufbau seiner Wellenformel auf mathematische Elemente aus den bekannten Bereichen der Physik zurückgegriffen. Sie waren genauso in der Optik, Akustik, Hydrodynamik usw. gängig. Deshalb stieß seine Gleichung auf eine höhere Akzeptanz, weil sie unter Physikern vertrauter wirkte. So bezeichnete auch Albert Einstein Schrödingers Arbeit als eine Genialität und eine ähnliche lobende Rückmeldung kam auch vom Max Planck, der Schrödingers Werk wie ein neugieriges Kind gelesen haben soll. Unter anderem weckte die Wellengleichung bei Physikern wieder die Hoffnung, dass die Quantenmechanik mit klassischem Weltbild vereinbar ist.

Denn durch Schrödingers Wellengleichung bedeutete für Bohrs springende Elektronen das Ende.

Niels Bohr schienen die bahnbrechenden Entwicklungen keine große Freude zubereitet zu haben. Noch im selben Jahr, in dem Schrödingers Arbeit veröffentlicht worden war, lud Bohr Schrödinger zu sich nach Kopenhagen ein. Dabei sollte es um die Einigung zwischen seiner Gleichung und der Matrizenmechanik gehen. Nach einem Bericht von Werner Heisenberg, der zu der Zeit ebenfalls im Bohr'schem Institut aufhielt, sollen die Diskussionen zwischen Bohr und Schrödinger sehr intensiv gewesen sein. Schrödinger wohnte nämlich bei Bohr im Hause, weshalb die kontroversen Unterhaltungen von früh bis abends führten.

Bohr soll dabei sehr unkooperativ gewesen sein, laut Heisenberg nahezu „wie ein unerbittlicher Fanatiker", sodass Schrödinger erschöpft dem Fieber verfiel. Schrödinger musste tagelang das Bett hüten, während Bohr auf der Bettkante saß und weiterhin versuchte Schrödinger seine Meinung einzureden. Bohrs ablehnende Haltung war nicht ganz unbegründet gewesen. Auch Schrödingers Wellengleichung besaß seine Schattenseiten. So versagte sie bei „Mehr-Elektronen-Problemen" und hatte zudem Schwierigkeiten beim Übergang vom Mikro- in den Makrokosmos. Laut seiner Wellengleichung durfte es keine stabilen Objekte mehr geben. Doch Schrödinger glaubte, dass es nur eine Frage der Zeit war, diese Lücken mathematisch abzudecken.

Erwin Schrödinger

Die Unbestimmtheit des Elektrons

Schrödingers Wellengleichung konnte zwar einen Großteil der Phänomene beantworten. Allerdings verbarg sie ihre eigenen spezifischen Probleme. Zudem tauchten unausweichlich weitere Fragen auf, zum Beispiel wie man sich die Wellen in einem Atom konkret vorzustellen habe – aber vor allem: Was sollte mit dem Teilchenbild passieren, durch das sich ebenfalls Phänomene beschreiben ließen.

Max Born, deutscher Physiker und späterer Nobelpreisträger (1954), beschäftigte sich wie viele seiner Kollegen mit diesen aktuellen Fragen der Quantentheorie. Zunächst ging Born nicht wie Schrödinger stur von einer Welle aus, sondern bezog auch die Teilcheneigenschaft des Elektrons mit ein. So sollten beide ein komplementäres Ganzes darstellen, ähnlich wie die Doppelnatur des Lichts. Es müsste sich also noch irgendwo ein Teilchen im Wasser verstecken, das die Wellen auslöst.

Gemäß seiner Vorstellung nahm Born Versuche mit einem Elektronenstrahl vor, mit dem er die Position eines einzelnen Elektrons zu erfassen versuchte. Als er die Schrödingergleichung dafür nutzte, stellte er fest, dass die Elektronenteilchen von Wellen gelenkt wurden und ihre Wellenstärke die Wahrscheinlichkeit bestimmte, wo ein Elektron anzutreffen war. Ähnlich wie bei einem Ball, der auf einer Wasserwelle schwimmend ans Ufer gespült wird.

Schrödingers Wellengleichung war also nichts anderes als eine Wahrscheinlichkeitsfunktion, die in der Statistik angewandt wird, um Wahrscheinlichkeiten zu berechnen. Dieses Faktum zeigte sich jedoch nur bei Experimenten mit hoher Konzentration an Teilchen wie beim Elektronenstrahl. Deshalb war wieder eine neue, widerspruchsfreue Deutung fällig, die später die Gesellschaft der Naturwissenschaftler in Zwei spalten sollte.

Max Born

Heisenbergs Unschärferelation

Auf Basis von Max Borns postulierter Wahrscheinlichkeitsfunktion, die einen weiteren Ring in der langen Erkenntniskette bildete, arbeitete der deutsche Physiker und später Nobelpreisträger (1932) Werner Heisenberg an einer mathematischen Formulierung, die den Bewegungsimpuls und den Ort eines atomaren Teilchens ermitteln sollte. Heisenberg hatte sich schon seit seiner Jugendzeit von der antiken Philosophie inspirieren lassen. Er hatte unter anderem Platons und Aristoteles Ideen stets als Quelle zur Reflexion verwendet, was er auch in seinen Memoiren festhielt, wie spannende Unterhaltungen mit seinen Wanderfreunden über Demokrits Atom bis hin Platons

Gleichnissen. Von Platons Höhlengleichnis inspiriert hatte sich der junge Forscher vorgenommen, sich in die verborgene Wirklichkeit zu begeben. Heisenberg gelang es zwar, ihre Schatten zu erhellen. Allerdings befürchtete er, dass sie niemand verstehen würde – so sollte auch seine Befürchtung später in Erfüllung gehen.

Bei seiner intensiven Arbeit, eine mathematische Formel zur Ermittlung des Impuls und Orts eines atomaren Teilchens zu entwickeln, stellte er überraschend fest, dass beides gar nicht gleichzeitig möglich ist. Wollte man den Impuls genauer ermitteln, so war das Teilchen nicht mehr zu orten; es wurde „unscharf". Wollte man hingegen den Ort des Teilchens herausfinden, so war der Impuls nicht bestimmbar. Das Elektron konnte sich sozusagen überall im Atom aufhalten und erst durch die Messung (Störung) trat es zum Vorschein und verschwand wieder im Nichts. Die Möglichkeit das Elektron in seiner „Bahn" zu verfolgen, war aufgrund der fehlenden Impulsdaten ein Ding der Unmöglichkeit. Dabei lag die Schwierigkeit nicht an technischen Unzulänglichkeiten, sondern an den Naturgesetzen des Mikrokosmos.

Diese Erkenntnis widersprach vollkommen das klassische Weltbild. Beispielsweise lässt sich mit einer Radarpistole sowohl die Geschwindigkeit als auch der Ort eines Fahrzeuges exakt messen und dadurch auch sein zukünftiger Aufenthaltsort bestimmen. Doch in der Welt des winzig Kleinen ließ sich der Aufenthaltsort eines Teilchens nur in Wahrscheinlichkeiten ausdrücken. So stellte Heisenberg fest, dass die Bahn des Elektrons erst durch die Messung bzw. Beobachtung zustande kommt. Solange die Elementarteilchen nicht gemessen bzw. beobachtet werden, würden sie in einem bestimmten Schwebezustand stehen.

Dieses Postulat, das Heisenberg als Unschärfe- oder Unbe-stimmtheitsrelation bezeichnete, erschütterte ein weiteres Mal die Welt der klassischen Physik.

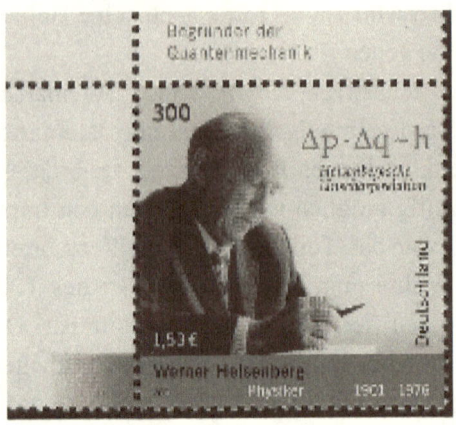

W.H. auf einer deutschen Briefmarke

Zenons Pfeilparadoxon

Es ist nirgends festgehalten, ob sich Heisenberg bei seiner Entdeckung der Unschärferelation von Zenons Pfeilparadoxon inspirieren ließ. Es ist allerdings unbestreitbar, dass das über zweitausend Jahre alte Paradoxon ein ähnliches Problem be-schrieb.

Der griechische Philosoph Zenon von Elea beschäftigte sich schon in der antiken Zeit mit Raum, Zeit und Bewegung. Das Verhältnis zwischen diesen Parametern beschrieb er anhand von paradoxen Beispielen, worunter das Pfeilparadoxon der Heisenberg'schen Unschärferelation am nähesten kommt. Es mag vielleicht auf den ersten Blick ungewöhnlich erscheinen, dass sich lange Zeit vor Heisenbergs Erkenntnis griechische Philosophen bereits mit mehr oder weniger derselben Sache beschäftigten und das ohne technische oder mathematische Hilfsmittel. Doch wie wichtig philosophische Herangehensweisen sind, veranschaulicht Zenons Pfeilparadoxon an der Schwierigkeit, Ort und Geschwindigkeit eines Pfeils als lokalisierende Größen zu bestimmen.

Angenommen wir schießen mit einem Bogen einen Pfeil weg und beobachten ihn dann, während er von A nach B fliegt. Wie lässt sich hier der genaue Ort eines bewegenden Pfeils ermitteln? Ganz einfach: wir frieren das Bild ein und sehen nach, wo der Pfeil ist. Aber was ist dann mit der Bewegung? Laut Zenon gibt es die Bewegung schlichtweg nicht, wenn wir die Position des Pfeils erfassen wollen. Diese Überlegung von Zenon ist in Anbetracht seiner Zeit sensationell, wenn man bedenkt dass nicht einmal die Anatomie bzw. die Funktionsweise des Auges erforscht waren.

Das menschliche Auge nimmt zirka 24 Bilder pro Sekunde auf – wie eine Kamera, die mehrere Bilder hintereinander macht. Wenn angenommen der Pfeil innerhalb einer Sekunde eine Strecke von A nach B zurücklegt, sehen wir im Grunde genommen 24 verschiedene Positionen des Pfeils während dieser Strecke. Die Addition aus diesen Momentaufnahmen ergibt dann die Bewegung, die wir als flüssige Abfolge empfinden. Eine Fliege beispielsweise nimmt 600 Bilder pro Sekunde wahr, weshalb die Bewegung für sie langsamer verläuft. Wäre unser Auge in der Lage, unendlich viele Bilder zu erfassen, so würde sich der Pfeil nie vom Fleck rühren – geschweige denn von A nach B gelangen.

Zenons Pfeil zeigt uns also, dass hinter dem Ort und Impuls eines Objektes viel mehr steckt, als man es auf den ersten Blick erkennt. Und tatsächlich gibt uns die Unschärferelation die wissenschaftliche Bestätigung dafür.

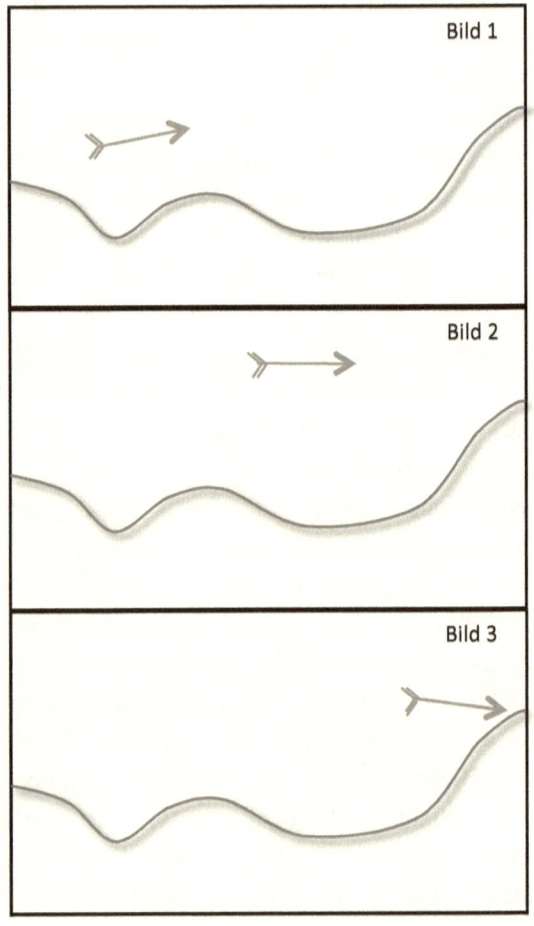

Die Addition der Bilder als Bewegungswahrnehmung:

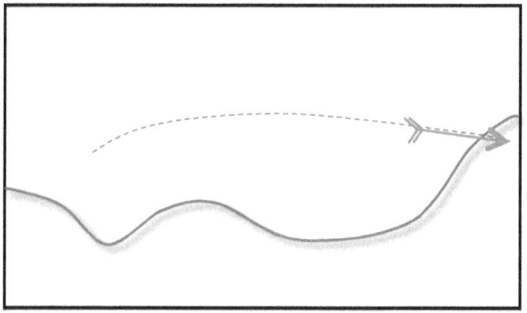

Zenon von Elea

Die Kopenhagener Deutung

Schrödingers Wellengleichung war auch in seiner unvoll-
ständigen Form ein großer (Zwischen-)Schritt in der Quantentheorie gewesen. Max Born hatte sich damit vertraut gemacht
und fasste die Gleichung als eine sogenannte Wahrscheinlichkeitsfunktion auf, wie sie auch in der Statistik verwendet wird.
Mit Heisenbergs Unschärferelation bekam Borns Postulat nun
zusätzliche Stütze. Das Elektron war nicht eine Welle, worauf
Schrödinger weiterhin beharrte, sondern ein Teilchen, doch nur
solange gemessen wurde. Ohne die Messung hielt es sich überall auf. Ähnlich wie beim Doppelspaltexperiment. Die Welle
und die Interferenz hoben sich durch die Messung auf. Das
Subjekt, also der Beobachter, gehörte offenbar zum Bestandteil
des Systems, welches er durch die Messung „störte".

Es dauerte nicht lange bis man erkannte, dass diese fundamentalen Neuigkeiten eine neue Deutung für die Quantentheorie erforderten. Dies sollte in der Heimat von Bohr, in
Kopenhagen, passieren. Bohr hatte sich die Forschungsarbeiten
von Born und Heisenberg angesehen und konnte sich mit ihnen
mehr anfreunden als mit Schrödingers bzw. De Broglies Elektronenwelle. Bohr vertrat nach wie vor die Ansicht, dass Elektronen Teilchen sind. Doch er lehnte deren Wellencharakter
zugleich nicht ab. Ganz im Gegenteil unterstrich er annehmend
die Doppelnatur des Elektrons sowie des Photons. In seinem
Komplementärprinzip beschrieb er, dass Elektronen durchaus
zwei Eigenschaften besitzen, aber dass lediglich nur eine Seite
je nach Experiment auftritt. Dass das Elektron ausschließlich
eine Welle sein könnte, so wie von Schrödinger postuliert wurde, lehnte er strikt ab.

Basierend auf diese neuen Erkenntnisse, insbesondere von Max Borns Wahrscheinlichkeitsfunktion und Heisenbergs Unschärferelation, formulierte Bohr zusammen mit Werner Heisenberg letztendlich eine widerspruchsfreie Interpretation, die als „Kopenhagener Deutung" in die Geschichte einging. Laut ihr sind Vorhersagen von Naturvorgängen auf atomarer Ebene nicht möglich, sondern nur in Wahrscheinlichkeiten ausdrückbar. Dabei kollabiert die Wahrscheinlichkeitsfunktion durch die Messung und das Teilchen tritt zum Vorschein. Die Kernaussage ist, dass das Fundament unserer Realität auf Zufall beruht und erst durch die Beobachtung entsteht, wie das Elektron durch die Messung. Die Kopenhagener Deutung stellt bis heute den Status Quo der Quantenphysik dar.

Die 5. Solvay Konferenz

Im selben Jahr, in dem Bohr und Heisenberg eine widerspruchsfreie Deutung der Quantentheorie begründeten, fand im Herbst die fünfte Solvay Konferenz statt. Sie gehörte mit Abstand zu den berühmtesten und spannendsten Konferenzen in der Geschichte, an der große Persönlichkeiten wie Einstein, Bohr, Schrödinger, Dirac, Born, Heisenberg, Pauli und weitere Physiker teilnahmen. Der Schwerpunkt der Konferenz war „Elektronen und Photonen" sowie ihre Deutung, die sich trotz Kritiken durchsetzen sollte.

Schrödinger, der sich nicht lange zuvor Bohr gegenüber kritisch über dessen Atommodell geäußert hatte, war erschüttert als er sah, wie seine berühmte Wellengleichung gedeutet wurde. Denn er vertrat nach wie vor die Wellenhypothese, die Bohr entschlossen ablehnte. Genauso kritisch reagierten die

Urväter der Quantentheorie wie Albert Einstein und Max Planck als sie von der Wahrscheinlichkeitsdeutung Wind bekamen, die selbst für Einstein zu viel wurde. So fragte er zynisch, ob der Mond auch existiere, wenn man nicht hinsehe, als Anspielung auf die kollabierenden Wellenfunktionen. „Gott würfelt nicht", fügte er des Weiteren hinzu, hinsichtlich der postulierten Wahrscheinlichkeitsdeutungen. Die Welt könne nicht aus Zufällen bestehen – es müsse versteckte Variablen geben, die noch nicht entdeckt wurden, so Einstein. Die Kopenhagener Deutung widersprach nicht nur einem Teilgebiet der klassischen Physik wie früher in der Diskussion des Lichts, sondern ließ ihr Fundament endgültig zusammen brechen.

Die Diskussion um die Deutung verlief weiterhin kontrovers. Insbesondere zwischen Bohr und Einstein war der Schlagabtausch heftig, wenn sie sich mit ihren Gedankenexperimenten gegenseitig zu überzeugen versuchten. Doch Bohr schaffte es jedes Mal Einsteins Gedanken zu widerlegen – manche sogar indem er auf Einsteins Relativitätstheorie zurückgriff. Er schlug ihn sozusagen mit seinen eigenen Waffen.

Letztendlich befürwortete die Mehrheit der Physiker die widerspruchsfreie Deutung von Bohr und Heisenberg, während eine kleinere Gruppe, bestehend aus Albert Einstein, Max Planck, Erwin Schrödinger und Max von Laue, die Kopenhagener Deutung vergebens als eine unvollständige Interpretation der Quantentheorie postulierten. Die fünfte Solvay Konferenz endete somit zugunsten von Bohr und seinem Gefolge.

Die fünfte Solvay Konferenz zu „Elektronen und Photonen"

Das Ende eines Quantenabschnitts

Die ersten dreißig Jahre des 20. Jahrhunderts waren somit mit spannenden Erkenntnissen verlaufen. Die Beiträge der Naturwissenschaftler hatten die Atomphysik so umgeformt, dass sie kaum jener klassischen Physik von früher entsprachen. Max Plancks Professor, der ihm zur seiner Zeit mitgeteilt hatte, es sei in der Physik bereits alles Grundlegendes entdeckt, hatte Unrecht behalten. Die Natur hatte sich als eine Kiste voller Überraschungen entpuppt. Ihre Gesetze schienen sich im Mikrokosmos ganz anders zu verhalten als im Makrokosmos.

Mit der fünften Solvay Konferenz hatte die Quantentheorie nun ihre widerspruchsfreie Deutung erlangt. Aber nach wie vor mangelte es an einer gemeinsamen, funktionierenden Theorie, die beide Welten umfasste. Doch bisher waren alle mathematischen Versuche vergebens gewesen. Das Fundament der Wirklichkeit schien tatsächlich auf Wahrscheinlichkeiten zu beruhen. Würfelte Gott also doch?

Nicht alle Physiker waren mit der aktuellen statistischen Deutung einverstanden. Deshalb wird der nächste Abschnitt die „Angriffe" gegen die Kopenhagener Deutung und alternative Interpretationen zur Quantentheorie aufzeigen. Aber vorher müssen zwei Persönlichkeiten noch kurz erwähnt werden, die ebenso wie ihre Kollegen einen wichtigen Beitrag zur Quantentheorie geleistet haben und nicht in Vergessenheit geraten dürfen.

Paul Dirac, britischer Physiker und Nobelpreisträger (1933), gehört zu den Mitbegründern der Quantenphysik. Im Jahr 1928 gelang ihm Einsteins spezielle Relativitätstheorie mit der Quantenphysik mathematisch zu vereinen. Unabhängig von Schrödinger bewies er die Äquivalenz von seiner Wellengleichung und Heisenbergs Matrizenmechanik. Außerdem entstammte von ihm die Idee

der Pfadintegrale, die alle möglichen Wege eines Teilchens von A nach B aufzeigt. Erst durch Richard Feynman war die Idee ernst genommen. Des Weiteren stellte Dirac die nach ihm benannte Dirac-Gleichung auf und entwickelte viele weitere interessante Theorien mit mathematischer Grundlage.

Wolfgang Pauli, österreichischer Physiker und Nobelpreisträger (1945), gehört ebenfalls zu den Mitbegründern der Quantenphysik. Wichtige Beiträge zur modernen Physik und unzählige Publikationen (93 Artikel und 11 Bücher) tragen seine Handschrift. Sein wohl berühmtestes Werk ist das nach ihm benannte „Paulische Ausschließungsprinzip". Darin erklärt er den

Aufbau des Atoms, bei dem keine zwei Elektronen in allen (vier) Quantenzahlen übereinstimmen dürfen und sich sozusagen gegenseitig ausschließen.

Alternativen zur Kopenhagener Deutung

Es wäre leichtsinnig, wenn wir davon ausgehen würden, dass der Kopenhagener Deutung keine differenzierten Ansichten und kritischen Bemerkungen folgen würden. Wie einst alle Fragen in der Naturwissenschaft zu Kontroversen führten, darunter auch das „unteilbare" Atom oder das „unendliche" Licht, so ist auch die Kopenhagener Deutung hinterfragt oder gar von kleinen Kreisen modifiziert oder abgelehnt worden.

Es liegt in der Natur eines Wissenschaftlers auch die Fundamente der bestehenden Systeme, die ihre Allgemeingültigkeit gewonnen haben, stets zu hinterfragen. Heute existieren mehr als ein Dutzend alternative Interpretationen zur Quantentheorie. Manche versuchen damit eine Brücke zur klassischen Physik wiederherzustellen – andere wiederum sind noch verrückter als die Quantentheorie. Jedoch erlaube ich mir, mich im Folgenden nur auf die populärsten Beispiele zu beschränken.

EPR-Paradoxon

Trotz der Niederlage im Kampf gegen Bohrs begründete Deutung war Einstein nach wie vor davon überzeugt, dass sie eine unvollständige Interpretation der Quantentheorie sei.

Etwa acht Jahre waren seit der fünften Solvay Konferenz vergangen und Einstein suchte für sein Postulat weiterhin nach einer standhaften Stütze, während die meisten Physiker die Quantenphysik so annahmen, wie sie nun war und sich mit mathematischen Feinheiten beschäftigten anstatt mit grundlegenden Dingen.

Bei manchen mag es vielleicht den Eindruck erweckt haben, dass Einstein die Quantentheorie nicht verstanden hätte – doch er hat sie durchaus verstanden. Er konnte nur ihren indeterministischen Charakter, dass alles auf Zufall basieren soll, nicht mit seinem Weltbild vereinbaren; so wie Max Planck die Lichtquantenhypothese mit seinem klassischen Weltbild nicht vereinbaren hatte können. Wie man einst Einsteins Lichtquantenhypothese und Photoeffekt zu widerlegen versucht hatte, versuchte jetzt Einstein die Kopenhagener Deutung zu widerlegen. Dazu veröffentlichte Einstein mit seinen Kollegen Podolsky und Rosen (EPR) ein Gedankenexperiment, welches die Unvollständigkeit der Quantentheorie mit einem Widerspruch demonstrieren sollte. Darin zeigten sie zuerst als Annahme, dass entweder die Lage oder der Impuls eines Teilchens vorhersagbar ist. Sie widersprachen also nicht der Heisenberg'schen Unschärferelation. Sie führten dann weiter aus, dass die Wahl von beiden Eigenschaften nicht vom Teilchen, sondern von der Entscheidung des Beobachters abhängt. D.h. der Beobachter stört das Teilchen so, dass nur eine Eigenschaft bleibt und die andere erlischt, als ob sie niemals existiert hätte. Aber irgendwie müsste sie ja existieren, denn wie sollte sie einfach so von der Bildfläche verschwinden? Es müsse doch eine objektive Realität geben – auch dann, wenn man nicht hinsieht.

Als Abhilfe überlegten sich Einstein, Podolsky und Rosen folgendes: Der Beobachter nimmt die Messung indirekt über ein anderes Teilchen vor, sodass er mit dem Zielobjekt nicht in Störung gerät. Stellen wir uns nun zwei Teilchen vor, die miteinander in Wechselwirkung stehen und dann auseinander fliegen. Da sie nicht mehr nebeneinander liegen, können sie nicht miteinander korrelieren. Sie bewegen sich gleich schnell auseinander, weshalb wir den Impuls des einen Teilchens und gleichzeitig den Ort des zweiten Teilchens erfassen können. D.h. Ort und Impuls wären somit gleichzeitig ermittelt, was aber ein Widerspruch zur Unschärferelation wäre, die eine Stütze der Kopenhagener Deutung darstellt.

Die Kopenhagener Befürworter hatten die Wahl: Entweder handle es sich um eine Lücke in der Kopenhagener Deutung, was bedeuten würde, dass sie unvollständig ist und „verborgene Variablen" existieren, oder es gibt eine „spukhafte Verbindung" zwischen den Teilchen, die miteinander „kommunizieren" und das Partner-Teilchen zum „Unscharfwerden" aufrufen. Das würde bedeuten, dass die Realität nicht lokal ist. Dies wiederum würde darin resultieren, dass es so etwas wie einen „freien Raum" gar nicht gäbe, sondern alles mit allem verbunden wäre.

Einstein schien zunächst seine Gegner mit seinem scharfsinnigen Gedankenexperiment in die Enge gedrängt zu haben. Eine „spukhafte Verbindung" mit den Photonen wäre laut seiner Relativitätstheorie nicht denkbar, da sich nichts schneller als Licht bewegen durfte – genauso undenkbar wäre die nichtlokale Realität, die in dem Fall aber zutreffen würde. Die Kopenhagener Gemeinde konnte zwar die Logik dahinter verstehen, aber sie argumentierte trotzdem dagegen, da die indirekte Messung an dem zweiten Teilchen keine ordnungsgemäße Messung sei.

Dreißig Jahre später, nach Einsteins Tod, sollte das EPR-Paradoxon experimentell endgültig widerlegt werden. Zur großen Überraschung aller Beteiligten hatte Einstein mit der „spukhaften Verbindung" zugunsten seiner Gegner Recht behalten und sie existierte tatsächlich. Die Teilchen kommunizierten bzw. standen nur nicht in Verbindung miteinander, sondern sie gehörten dem gleichen, nichtlokalen System an.

Schrödingers totlebende Katze

Erwin Schrödinger war bekannt dafür, komplexe Gegebenheiten mit simplen Erklärungen zu formulieren. Die Schlüsse der fünften Solvay Konferenz nicht zur Kenntnis genommen, arbeitete auch er mehrere Jahre daran, um die Kopenhagener Deutung ad absurdum zu führen. Und das obwohl die neue Interpretation der Quantentheorie seine Wellengleichung in modifizierter Form verwendete.

Im Vergleich zu Einsteins EPR-Paradoxon veröffentlichte Schrödinger im selben Jahr (1935) ein simples Gedankenexperiment, das bis heute seine Popularität nicht verloren hat. Stellen Sie sich eine geschlossene Kiste mit einer Katze und einem Mechanismus aus einem instabilen Atomkern und einer Giftampulle vor. Wir wissen, dass der Zerfall eines Atomkerns unmöglich vorherzusagen ist. Irgendwann wird er zerfallen und dabei tödliches Gift aus der Ampulle freisetzen. Wenn das passiert, ist die Katze tot.

Ob der Zerfall eingetreten ist und die Katze getötet hat, können wir erst dann feststellen, wenn wir die Kiste öffnen und nachsehen. Doch wie können wir den Zustand der Katze definieren, wenn wir sie in die Kiste eingeschlossen haben und nicht wissen, ob sie noch lebt? Laut Quantenmechanik befindet sie sich in dem Fall in einem Schwebezustand, in einer sogenannten Superposition, wo ihre Zustände sich überlagern. Das heißt die Katze ist tot und zugleich lebendig, solange wir nicht in die Kiste hineinsehen bzw. keine Messung vornehmen.

Wenn wir die Kiste nun öffnen und hineinsehen, kollabiert die Wellenfunktion und mit ihr der Schwebezustand. Dann sehen wir, was mit der Katze passiert ist. Wenn wir Glück haben lebt sie, wenn nicht, dann kaufen wir im nächsten Tierladen eine neue, die wir hoffentlich nicht mehr umbringen.

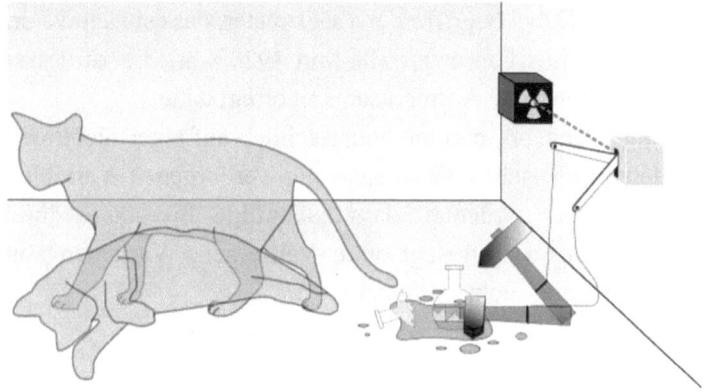

Aber Spaß bei Seite, wie soll das in Echt gehen? Wie kann sie leben und gleichzeitig tot sein? Das ist doch ein Widerspruch in sich. Allerdings entspricht das Gedankenexperiment der Kopenhagener Deutung, würde sie auch für makroskopische Objekte gelten.

Viele missverstehen Schrödingers Katze als eine simple Erklärung der Quantentheorie. Doch Schrödinger beabsichtigte damit, die „verrückte" Seite der Kopenhagener Deutung und das, worauf unsere Realität in Wahrheit laut ihr beruhe, kritisch zu veranschaulichen. Allerdings sollte diese „Verrücktheit" im 21. Jahrhundert ihre experimentelle Bestätigung erhalten.

De-Broglie-Bohm-Theorie

Der amerikanische Physiker und Philosoph David Bohm vertrat bis Ende der 40er Jahre die Kopenhagener Deutung, bis er sie zu hinterfragen begann. Als logische Konsequenz stellte er eine alternative Interpretation, die sogenannte Bohm'sche Mechanik, auf. Dabei begriff er erst viel später, dass sie äquivalent zur De Broglies Führungswelle von 1920 war, die zu dessen Zeit nicht die nötige Aufmerksamkeit erregt hatte.

Bohms Mechanik beruhte hauptsächlich auf einer nichtlinearen deterministischen Grundlage mit verborgenen Variablen. Deterministisch bedeutet, dass zukünftige Ereignisse durch Vorbedingungen festgelegt sind. Verborgene Variablen sind Parameter, die nicht auftauchen, aber auch nicht in einem Messverfahren abgeleitet werden können. Determinismus und verborgene Variablen stellen hier das Gegenstück des Zufallsprinzips in der Quantentheorie dar.

Bohm konnte mit seiner Theorie ebenso Vorhersagen reproduzieren wie die Kopenhagener Deutung. Einzig das Postulat der Störung durch die Messung bzw. Beobachtung lehnte er strikt ab.

David Bohm

Bellsche Ungleichung

Seit der Kopenhagener Deutung gehörte zu den größten Streitpunkten der aktuellen Quantentheorie die Nichtlokalität. Deshalb griffen seine Gegner wie Einstein und David Bohm auf das Postulat der verborgenen Variablen zurück, um die Unvollständigkeit zu begründen. Allerdings konnten keine handfesten Beweise für oder gegen dieses Postulat erbracht werden. Bis John Bell, nordirischer Physiker, sich mit dem EPR-Paradoxon und mit Bohms Theorie zu beschäftigen begann.

Bell hatte sich mit der Quantentheorie, insbesondere mit den Gegenthesen, sowohl philosophisch als auch mathematisch auseinandergesetzt. Auf diese Herangehensweise veröffentlichte er schließlich im Jahr 1964 eine mathematische Arbeit, bekannt als „Bell Theorem" oder „Bellsche Ungleichung", die Licht in die Sache brachte. Die Kernaussage seiner Ungleichung war, dass es keine Theorie lokaler verborgener Variablen geben kann, welche die statistischen Voraussagen der Quantentheorie reproduziert. Nach Bells Theorem erfüllten Einstein, Bohm und Theorien aller anderen Befürworter von verborgenen Variablen die Ungleichung und schieden damit aus. Die mit der Quantentheorie nach Kopenhagener Deutung berechneten Werte hingegen verletzten die Bellsche Ungleichung – verletzt bedeutet in diesem Fall, sie widersprachen der Annahme der Lokalität und der Möglichkeit verborgener Variablen. Die Quantentheorie nach Kopenhagener Deutung ist somit nichtlokal, aber anders als seine Gegner postulierten „vollständig".

Viele-Welten-Interpretation

Zu den skurrilen Theorien gehört gewiss die „Viele-Welten-Interpretation" vom amerikanischem Physiker Hugh Everett. Allerdings stellt sie keine Alternative zur aktuellen Quantentheorie dar, sondern versucht den Kollaps der Wellenfunktion nach Kopenhagener Deutung anhand von Welten zu beschreiben. Die kollabierende Wellenfunktion hatte immer wieder zu kontroversen Diskussionen geführt. Doch mit der Erklärung Everetts sollten sie eine neue Ebene erreichen, die das Thema noch umstrittener gestaltete.

Zunächst verzichtete Everett auf das Kollapspostulat und versuchte den Messvorgang anhand von Schrödingers Gleichung zu beschreiben. Dabei definierte er den Beobachter nicht als Störer, sondern als jemanden, dessen Zustand sich durch die Messung verändert (also umgekehrt als bei der Kopenhagener Deutung). Diese Theorie an Schrödingers Gedankenexperiment angewendet, ergibt folgendes: die Katze in der Kiste, die mit dem Tod kämpft, erfüllt durchaus zwei Zustände gleichzeitig. In dem Moment, wo der Beobachter die Kiste öffnet, sieht er die Katze nur in einem bestimmten Zustand, entweder lebendig oder tot. Also steht jedem Zustand eine 50-prozentige Wahrscheinlichkeiten zu. Allerdings löst sich nach Everett der nicht-eingetroffene Zustand nicht einfach so in der Luft auf; er hat immerhin vorher existiert, also muss er auch weiterhin existieren – lediglich nicht hier, sondern in einer anderen Welt. In dem Moment, wo der Beobachter die Kiste öffnet, bekommt er die Katze in einem Zustand zu Gesicht. Den anderen Zustand sieht er laut Viel-Welten-Theorie in einer anderen Welt.

Die Welt teilt sich in weitere Welten auf.

Somit wird der von Kopenhagener Deutung postulierte Schwebezustand obsolet. Die Katze hatte schon immer beide Zustände und sie treffen beide ein, ohne, dass dabei etwas kollabiert.

Dieselbe Theorie am Doppelspalt angewendet, besagt, dass das Universum sich in zwei Welten aufteilt, wo das Photon in einer Welt durch den linken Spalt und in einer anderen durch den rechten Spalt fliegt. Die Wechselwirkung der beiden Welten ergibt dann das Interferenzmuster. Die Frage ist, wie dann der Vorgang mit aktivierten Detektoren zu erklären ist, wodurch das Interferenzmuster ja erlischt. Hierzu scheint es, keine Antwort zu geben. Denn auch Everetts Theorie kann nur einen Teil interpretieren und wird weiterhin als Theorie verbleiben.

Allerdings muss noch betont werden, dass Everett sich die Welten nicht räumlich getrennt vorstellte, wie man sie in Science-Fiction-Filmen als Parallelwelten oder Zeitreisen darstellt, sondern als getrennte Zustände im jeweiligen Zustandsraum. Doch die Ausmalung der skurrilen Vorstellung von Parallelwelten war nicht zu verhindern.

Einer der bekanntesten Anhänger von Everetts Theorie ist der israelisch-britischer Physiker David Deutsch, der sich überwiegend mit Paralleluniversen auf Basis der Viel-Welten-Theorie beschäftigt.

Hugh Everett

Experimentelle Nachweise

In der Regel gibt es zuerst die Theorie und anschließend folgt ein experimenteller Nachweis, der sie bestätigt oder widerlegt. Gleichgültig ob Max Plancks Quantentheorie, Einsteins Relativitätstheorie, Photoeffekt oder seine Lichtquantenhypothese oder De Broglies Materiewelle – sie alle hatten sich erst einer strengen Prüfung unterziehen müssen.

Mit neuen Erkenntnissen greift man immer wieder auf klassische Experimente zurück und beobachtet das neue Verhalten der Versuchsordnungen, um daraus neue Resultate zu schließen. Diese Vorgehensweise sollte sich weiterhin in der modernen Physik bewähren. Deshalb werde ich in diesem Kapitel einige, nicht uninteressante Nachweise vorführen, die ich für nötig halte.

Doppelspaltexperiment mit atomaren Teilchen

Am Anfang des 19. Jahrhunderts hatte Thomas Young mit seinem Doppelspaltexperiment die Wellennatur nachgewiesen. Im Jahr 1915 hatten Physiker es aufgrund neuer Erkenntnisse mit Photonen wiederholt und die Doppelnatur des Lichts festgestellt. In den 20er Jahren hatte Louis de Broglie die Elektronenwelle postuliert, welche anhand von Röntgenstrahlen nachgewiesen worden war. Nun führte der deutsche Physiker Claus Jönsson im Jahr 1961 das Doppelspaltexperiment mit Elektronen durch und siehe da: sie verhielten sich tatsächlich wie Photonen, mal als Welle und mal als Teilchen, natürlich abhängig von der Messung (Detektoren).

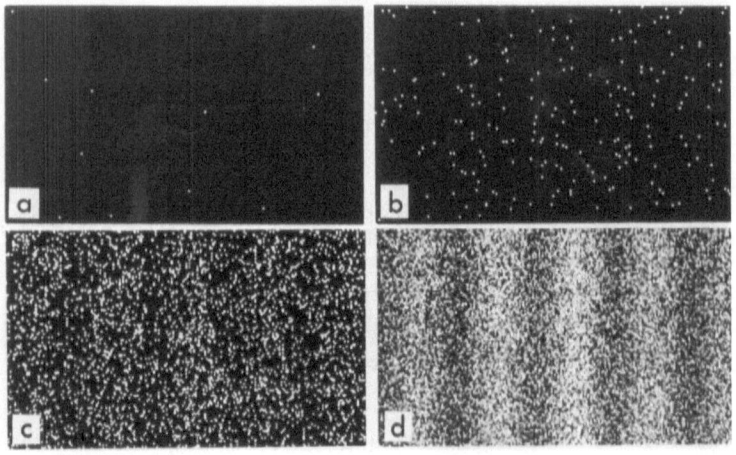

(a) 11 Elektronen
(b) 200 Elektronen
(c) 6000 Elektronen
(d) 140 000 Elektronen

Das Doppelspaltexperiment wurde mit der Zeit auch mit viel größeren Teilchen durchgeführt wie Atomen und Fullerenen. Fullerene bestehen aus sechzig Kohlenstoffatomen, die wie ein Fußball aufgebaut sind. Im Gegensatz zu Photonen sind sie nicht nur beträchtlich größer, sondern haben zudem Massen. D.h. sie sind wie Elektronen Materie. Allerdings zeigt sich das Wellenmuster der Fullerene nur im Vakuum. In einer normalen Umgebung stehen sie in Wechselwirkung mit gleichgroßen Luftmolekülen, wodurch ungewollt ständig Ortmessungen stattfinden. Infolgedessen erscheint keine Interferenz. Das erklärt auch, wieso wir im Alltag nichts von den Quantenphänomenen mitbekommen. Deshalb existiert der Mond auch, wenn niemand hinsieht.

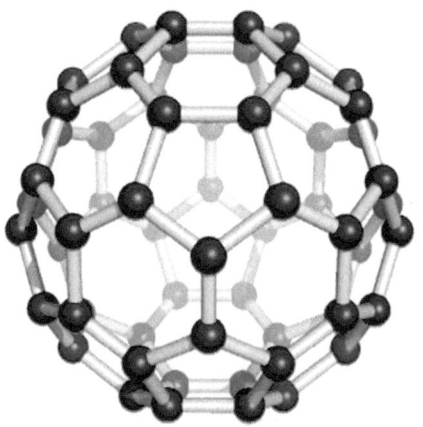

Fullerene

Quantenverschränkung

Zu den skurrilen Phänomenen der Quantenphysik zählt auch die Verschränkung. Einstein hatte in seinem EPR-Paradoxon eine „spukhafte Fernwirkung" zwischen den Teilchen ausgeschlossen, weil sie der klassischen Physik widerspräche. Doch einer Gruppe von Wissenschaftlern gelang es, die Fernwirkung, auch Verschränkung genannt, zu beobachten.

Stellen Sie sich zunächst zwei Teilchen vor, die nicht räumlich voneinander getrennt sind. Wenn beispielsweise ein Photon durch einen Kristall gesendet wird, teilt es sich in zwei Paare auf. Eines der Photonen wird in eine Richtung gelenkt, während das zweite in die gegengesetzte Richtung gelenkt wird; d.h. sie werden räumlich voneinander getrennt. Werden nun auf ihren Wegen Detektoren angebracht, die ihre Eigenschaften messen, stellt man erstaunlicherweise fest, dass sich beide stets gleich verhalten. Eine Eigenschaft kann beispielsweise die Polarisation sein, also die Ausrichtung des Photons.

Mögliche Polarisationen:

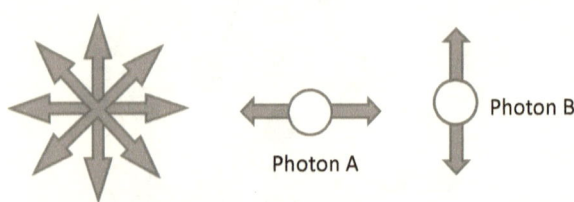

Photon A

Photon B

Wird nun ein Photon A mit horizontaler Polarisation gemessen, so zeigt uns die Messung am zweiten Photon B eine vertikale Polarisation. „Ändert" man die Polarisation eines Photons durch sogenannte Polarisationsfilter, so ändert sich auch die Polarisation des zweiten Photons. Gleichgültig wie oft man den Versuch wiederholt, die Photonen verhalten sich zueinander stets verschränkt.

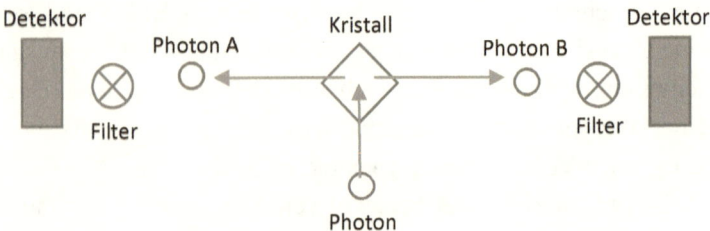

Einsteins „spukhafter Fernwirkung" scheint somit doch zu geben. Nach der Bellschen Ungleichung war dieser experimentelle Nachweis eine weitere Bestätigung für die Nichtlokalität der Mikrowelt, die Einstein nicht mehr miterleben konnte. Heute wird bezüglich des Phänomens der Quantenverschränkung vor allem für den Einsatz in der Kryptografie weitergeforscht. Im Rahmen dieser Forschungen stoßt man immer wieder auf neue Erkenntnisse. Zuletzt stellten Forscher fest, dass die Fernwirkung zwischen zwei Teilchen zehntausend mal schneller erfolgt als das Licht. Das widerlegt eindeutig Einsteins These, die die Lichtgeschwindigkeit als das Maximum postulierte.

Eine Quantenmaus in Schrödingers Kiste

Zwei französische Physiker und Nobelpreisträger (2012) Serge Haroche und Jean-Michel Raimond gelang es im Jahr 1996 ein Experiment aufzubauen, mit dem sie in die tiefe Welt von Schrödingers Kiste eindringen konnten. Zunächst brachten sie den Zustand eines Rubidium-Atoms mit Hilfe von Lasern in eine Superposition und schickten es anschließend in einen Hohlraum. Es stellte quasi Schrödingers totlebende Katze dar. Dann ließen sie ein weiteres Atom, das sie als Quantenmaus bezeichneten, in den Hohlraum fliegen. Dieses Atom hatte die Aufgabe die „Katze" zu beobachten, ohne dabei die „Kiste" zu öffnen. Damit konnten Haroche und Raimond zeigen, dass der Übergang vom Mikro- in den Makrokosmos allmählich passiert und Überlagerungen mit Größerwerden des Systems rascher kollabieren.

Quantenmaus in Schrödingers Kiste

Epilog

Der paradoxe Charakter der Quantenphysik lässt sich spätestens jetzt, nachdem sie das Buch zu Ende gelesen haben, nicht mehr abstreiten. Am Anfang mag die Quantenphysik für einen Außenstehenden nahezu absurd vorkommen. Zumindest hatte ich es so empfunden, als ich während meines Studiums eine Arbeit über die Quantenkryptographie verfassen musste. Bei so vielen verschiedenen Kryptographie-Methoden hatte ausgerechnet meine Wenigkeit dieses Thema gezogen – noch dazu auf Englisch! Aber den Quanten sei Dank ging alles gut.

Im Nachhinein betrachtet vertrete ich jedoch die Meinung, dass nicht die paradoxen Gegebenheiten der Quantenphysik zu Schwierigkeiten beim Verständnis führen. Vielmehr sehe ich die Hürde in ihrem Umfang. Man muss sich nur einmal vorstellen, dass hinter jedem theoretischen, mathematischen und experimentellen Versuch, der in diesem Buch zusammengefasst erläutert wurde, jahrelange Arbeit steckt. Und gewiss gibt es noch eine Reihe weiterer Fakten, worauf das Buch als Einstiegswerk aus gutem Grund nicht eingegangen ist.

Wie im Vorwort bereits festgehalten, sollte diese Lektüre das komplexe Thema auf das Wesentliche beschränken. Für einen tieferen Einblick führe ich im Anschluss dieses Epilogs eine Literaturliste an.

Literaturliste

Fred Alan Wolf: Der Quantensprung ist kein Geheimnis

John Gribbin: Auf der Suche nach Schrödingers Katze

Anton Zeilinger: Einsteins Schleier

Brigitte Rothlein: Schrödingers Katze

Richard P. Feynman: QED – Die seltsame Theorie des Lichts und der Materie

Hans Lüth: Quantenphysik in der Nanowelt

Herbert Pietschmann: Quantenmechanik verstehen

Werner Heisenberg: Quantenmechanik & Philosophie

Weitere empfehlenswerte Literatur

Werner Martienssen & Dieter Ross: Physik im 21. Jahrhundert

Werner Heisenberg: Physik der Atomkerne

Werner Heisenberg: Der Teil und das Ganze

Erwin Schrödinger: Was ist Leben?

Dieter Hoffmann: Erwin Schrödinger - Biographien hervorragender Naturwissenschaftler, Techniker und Mediziner

Jukka Maalampi: Die Weltlinie – Albert Einstein und die moderne Physik

Bildnachweise